Hartmut Kraft · Die Kopffüßler

»Doch zu bestimmten Zeiten in der Entwicklung einer Wissenschaft ist die Beschäftigung mit Unterschieden wichtiger als die mit Gemeinsamkeiten. Es kann dann zur Pflicht werden, das Ausmaß beider, des Unterschieds wie der Gemeinsamkeit, zu bestimmen, um die Eigenart des Untersuchungsgegenstandes zu erfassen.«

Ernst Kris

Die Kopffüßler

Eine transkulturelle Studie zur Psychologie und
Psychopathologie der bildnerischen Gestaltung

Hartmut Kraft

60 zum Teil farbige Abbildungen

Hippokrates Verlag Stuttgart

CIP-Kurztitelaufnahme der Deutschen Bibliothek

Kraft, Hartmut:
Die Kopffüssler : e. transkulturelle Studie zur
Psychologie u. Psychopathologie d. bildner.
Gestaltung / Hartmut Kraft. – Stuttgart :
Hippokrates-Verlag, 1982.
 ISBN 3-7773-0576-6

Anschrift des Verfassers:

Dr. med. Hartmut Kraft
Universitäts-Nervenklinik und Poliklinik
Abteilung Psychotherapie
5300 Bonn-Venusberg

Anschrift des Herausgebers:

Priv.-Doz. Dr. med. Volker Faust
Leiter des Bereichs Forschung und Lehre
PLK Weißenau
Abt. Psychiatrie I der Universität Ulm
7980 Ravensburg-Weißenau

ISB N 3-7773-0576-6

Satz: F.-M. Stephan, Stuttgart. Druck: Offizin Chr. Scheufele, Stuttgart.

Inhaltsverzeichnis

Vorwort

Zur sogenannten »Bildnerei der Geisteskranken« verzeichnete *Kiell* im Jahre 1965 in einer sorgfältigen Bibliographie 7000 Arbeiten; nach einer »Hochrechnung« von *Bader* aus dem Jahre 1972 müßten zu diesem Zeitpunkt ungefähr 20 000 Publikationen existiert haben. Was kann eine neue Publikation zu diesem Themenkomplex noch beitragen?

Das Thema der »Bildnerei der Geisteskranken«, die Psychologie und Psychopathologie des Ausdrucks überhaupt, steht zwischen mehreren großen Disziplinen wie der Psychiatrie, der Psychoanalyse, der Psychologie, der Kunstwissenschaft und der Ethnologie. Sie alle haben, zudem noch mit ihren einzelnen Teildisziplinen, Anteil an diesem Thema. So verwundert weder die Anzahl der Publikationen zu diesem scheinbar so abseits liegenden und ausgefallenen Thema noch die zum Teil stark divergierenden Ansichten.

Der promovierte Kunsthistoriker und Psychiater *Hans Prinzhorn* war sicherlich aus seinem Doppelberuf heraus in besonderer Weise prädestiniert, eine Übersicht über dieses interdisziplinäre Gebiet zu verfassen. So finden sich auch in seinem 1922 erschienenen Buch *Bildnerei der Geisteskranken* nicht nur psychiatrische Gedankengänge, sondern auch kunsthistorische und ethnologische Vergleiche; auch wurde von ihm bereits das hier vorgestellte Thema der Kopffüßler aufgegriffen und in einigen seiner vielfältigen Bezüge dargestellt. Dieses Bildthema ermöglicht wie kaum ein anderes Beiträge aus den verschiedensten wissenschaftlichen Disziplinen für einen eng umschriebenen Themenbereich zusammenzufassen und zu vergleichen. Was von *Prinzhorn* 1922 an-satzweise aufgegriffen wurde, soll hier nun im Sinne eines Brückenschlags zwischen den – ansonsten sich eher isoliert entwickelnden – Wissenschaftszweigen fortgeführt werden. Hierin sehe ich den Sinn, das schon so oft behandelte Thema der Psychologie und Psychopathologie des Ausdrucks erneut – nun unter einem speziellen Blickwinkel – aufzugreifen.

Das Buch wendet sich entsprechend seines fächerübergreifenden Ansatzes nicht nur an Ärzte, sondern an Psychologen, Kunstwissenschaftler und Ethnologen gleichermaßen. Einige psychiatrische Grundbegriffe wurden aus diesem Grunde etwas ausführlicher erläutert, als dies in einem nur an Ärzte gewendeten Buch notwendig erschiene. Umgekehrt finden sich z. B. kunst- und kulturhistorische Angaben, die Kunsthistorikern – wiederum jedoch nicht anderen Berufsgruppen – selbstverständlich erscheinen werden.

Ohne die Mithilfe einer Vielzahl von Fachleuten der verschiedensten Disziplinen wäre diese Arbeit nicht möglich gewesen. Mein besonderer Dank gilt Frau Prof. Dr. Dr. *M. Putscher* (Institut für Geschichte der Medizin – Forschungsstelle – Universität Köln) für ihre vielfältigen Ratschläge und Hinweise zur Bildnerei schizophrener Patienten wie auch zur Kunst des Mittelalters; Herrn Dr. *Erhard* und Frau *Käthe Krüger* (Köln), Herrn *Arnold Bamert* (Solothurn) sowie Herrn Dr. *K. Vollprecht* (Köln) danke ich für ihre ausführlichen Hinweise und fachkundigen Angaben zur afrikanischen Kunst; unbeschadet unseres sehr differierenden theoretischen Ansatzes zur »Kunst der Geisteskranken« danke ich Herrn Kollegen Primararzt Dr. *L. Navratil* für seine freundliche Unterstützung und Zurverfügungstellung von Bildmaterial. Des weiteren gilt mein Dank Prof. Dr. *H. Ladendorf* (Kunsthistorisches Institut der Universität Köln), Prof. Dr. *Derchain* (Seminar für Ägyptologie der Universität Köln), Dr. *K. Zetterström* (Direktor des Göteborg-Etnografiska-Museum), Prof. *K. A. Wirth* (München), Prof. Dr. *J. Zwernemann* (Direktor des Hamburgischen Museums für Völkerkunde), Prof. Dr. *K. L. Janert* (Institut für Indologie der Universität Köln), Prof. Dr. *B. Robin* und Dr. *A. Beißner* (Institut für Altertumskunde der Universität Köln), und Herrn *J. O. Bassey* (Museum Education officer, Jos-Museum, Jos/Nigeria), sowie Frau *Stephanie Unsin* und Frau *Renate Barth*.

Einführung

Es mag verwundern, daß ein einzelnes Bildthema wie das der »Kopffüßler« in den Mittelpunkt der Betrachtung zur Psychologie und Psychopathologie des Ausdrucks gestellt wird. Dies könnte zunächst als eine unfruchtbare Einengung des Themenkomplexes erscheinen. Das scheinbar so eng umgrenzte Thema erweist sich jedoch bei näherer Betrachtung als äußerst vielgestaltig und vielschichtig. Es erhält besonderes Gewicht durch die Tatsache, daß es sich bei den Kopffüßlern nicht etwa nur um eine skurrile, hier und dort anzutreffende Form der Menschendarstellung handelt, sondern zuallererst einmal um ein normales zeichnerisches Entwicklungsstadium der Kinder im Alter von ca. vier Jahren. Dieses Bildthema weist sich als entwicklungspsychologisch verankert aus. Auf diese Tatsache wird immer wieder zurückzugreifen sein. Hiervon ausgehend ist es nun kaum verwunderlich, daß die Kopffüßler in verschiedenen Formen und Ausgestaltungen in der Kunst und Kulturgeschichte bis hin zur angewandten und freien Kunst unserer Tage immer wieder aufzufinden sind. Vor diesem Hintergrund erscheinen die Kopffüßlerdarstellungen psychiatrischer Patienten nicht als bloße Kuriosa, sondern können in einem größeren kunst- und kulturgeschichtlichen Rahmen gesehen werden. Analogien wie auch Unterschiede sind dabei jeweils neu zu bestimmen, was besonders für die Zeichnungen schizophrener Patienten zu zeigen sein wird.

Die Begrenzung auf ein einzelnes Bildthema erweist sich so als geeigneter methodischer Ansatz, das Gesamtgebiet der sogenannten »Bildnerei der Geisteskranken« einer differenzierenden Betrachtung zu unterziehen. Gerade in der Möglichkeit zur Gegenüberstellung der Gestaltungen zu diesem einen Thema können Gestaltungsqualitäten sehr schnell deutlich werden. Was zunächst ganz ähnlich aussah, entpuppt sich manchmal sehr schnell als wesensmäßig verschieden voneinander. Insofern soll dieses Buch auch dazu beitragen, die so oft zitierten und vorgestellten Kopffüßler – zeichnerisches Entwicklungsstadium einerseits, »Regressionsphänomen« andererseits – genauer und differenzierter zu betrachten.

Eine genaue Betrachtung und Beschreibung ist Voraussetzung zu einer verläßlichen Einordnung und eventuell zu dem Versuch einer Wertung psychopathologischer Gestaltung. Im Hinblick auf die Diskussionen um eine »psychopathologische« oder auch »schizophrene Kunst« erscheinen dann gerade die kunst- und kulturhistorischen Vergleiche von Wert. Jede Bildnerei, erst recht wenn sie den Anspruch auf Kunst erhebt, muß in einem großen kunst- und kulturhistorischen Rahmen gesehen werden.

Die Begrenzung auf ein Bildthema weist noch einen weiteren, zur Objektivität der Untersuchung beitragenden Aspekt auf. Indem immer wieder nur ein einzelnes, gelegentlich – durchaus nicht etwa häufig – anzutreffendes bildnerisches Phänomen aufgegriffen wird, entsteht eine Dokumentation psychiatrischer Bildnerei, die keiner Vorauslese unterzogen wurde. Es kann nicht übersehen werden, daß die Publikationen zu unserem weiteren Themengebiet angefüllt sind mit »schönen«, »künstlerisch wertvollen« Abbildungen, die in keiner Weise einen Querschnitt durch die wirkliche Produktion psychiatrischer Patienten geben.

Schließlich und endlich ist die vorliegende Arbeit vielleicht auch geeignet klarzustellen, daß »Kopffüßler« nicht nur – wie z. B. der Duden angibt – eine Klasse hochstehender mariner Weichtiere (Tintenfische) sind.

1 Die zeichnerische Entwicklung der Kinder

1.1 Historischer Überblick

Das wissenschaftliche Interesse für Kinderzeichnungen reicht bis ins vorige Jahrhundert zurück. Unabhängig voneinander beschrieben *Ebenezer Cooke* (um 1885), *C. Ricci (L'arte dei Bambini,* Bologna 1887) und *E. Perez (L'art et la Poêsie Chez L'enfant,* Paris 1880) die bildnerischen Ausdrucksformen der Kinder. Im Jahre 1936 konnte *Graewe* in einer Literaturübersicht über 262 relevante Arbeiten zu diesem Thema berichten. Im Laufe der nun schon fast 100jährigen Beschäftigung mit diesem Themengebiet hat sich der Schwerpunkt der Forschung mehrfach verschoben. Entsprechend dem allgemeinen Interesse Ende des vorigen Jahrhunderts erregten Vergleichsuntersuchungen zwischen Zeichnungen von Kindern und Primitiven Aufmerksamkeit. Analytische Untersuchungen der Zeichnungen und Malereien gestörter Kinder folgten. Anschließend wandte sich das Interesse den Längsschnittuntersuchungen zu, es wurde die zeichnerische Entwicklung einzelner Kinder von den ersten Kritzeleien bis zu ausgereiften Darstellungen verfolgt.

Entsprechend dem zunehmenden Interesse für testpsychologische Methodiken wurden auch für die Kinderzeichnungen testpsychologische Verfahren entwickelt, deren bekanntestes der »Draw-a-man-Test« von *Goodenough* ist (*Goodenough* 1926, *Harris* 1963, *Koppitz* 1968). Hierzu existieren sorgfältig geplante und durchgeführte Untersuchungen, deren Ergebnisse statistischen Kriterien standhalten.

Es bestehen zum Teil sehr divergierende Vorstellungen zur zeichnerischen Entwicklung der Kinder; sie können hier nicht im einzelnen vorgestellt werden. Im folgenden sollen in Anlehnung an *Widlöcher* (1974) drei Phasen der zeichnerischen Entwicklung unterschieden werden, wobei wir uns in Phase zwei (Phase des kindlichen bzw. intellektuellen Realismus) besonders dem Kopffüßlerphänomen zuwenden.

1.2 Die Kritzelphase

Zeichnen und Malen sind natürliche Ausdrucksformen für kleine Kinder, ungefähr mit eineinhalb Jahren beginnen sie mit ihren ersten graphischen Äußerungen. Vergleichbar dem Sprech-Plappern könnte hier von einem *»graphischen Plappern« (Widlöcher 1974)* gesprochen werden. Die Zeichnungen weisen keinerlei Ähnlichkeit mit realen Gegenständen auf (s. Abb. 1).

Innerhalb dieser Kritzelphase lassen sich einzelne Subphasen unterscheiden. Nach *Meyers* (1973) beginnt das Kind mit *Hiebkritzeln*. Hierbei wird der Stift – entsprechend der mangelnden motorischen Koordinationsfähigkeit in diesem Alter – auf das Papier gehauen, was häufig eher zu Löchern als zu Linien führt. Hierauf folgt das *Schwingkritzeln*, wobei das Kind den Zeichenstift ohne abzusetzen hin und her bewegt. Es schließt sich das *Kreiskritzeln* an; entsprechend dem biologischen Reifungsprozeß mit wachsender Kontrolle der Motorik sind jetzt erste feinmotorische Leistungen zu beobachten. Von diesen durch Gleichförmigkeit charakterisierten graphischen Äußerungen führt der Weg schließlich über *verschieden geformtes Kritzeln* zu dem ersten *sinnunterlegten Kritzeln*. In dieser Zeit präsentieren Kinder stolz ihre Kritzeleien und

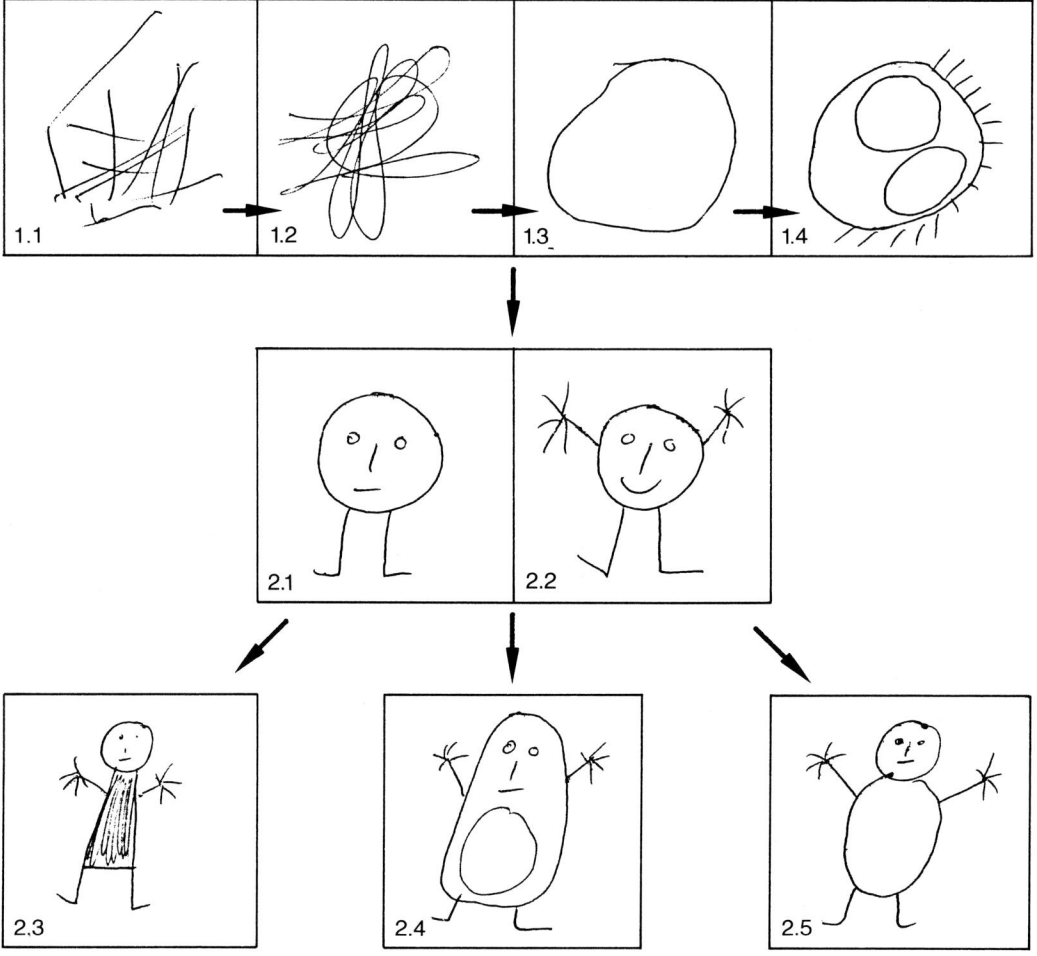

Abb. 1 Schematisierte Darstellung der zeichnerischen Entwicklung der Kinder vom Kritzeln zur Menschendarstellung
1. Kritzelstadium – 1.1. Hiebkritzeln; 1.2. Schwingkritzeln; 1.3. Kreiskritzeln; 1.4. verschieden geformtes Kritzeln und erstes sinnunterlegtes Kritzeln
2. 2.1. Kopffüßler-Grundform ohne Arme; 2.2. Kopffüßler-Grundform mit Armen;
   2.3. Körperdarstellung durch unteren Schrägstrich; 2.4. »halslose Wesen«; 2.5. Kreismännchen

behaupten – zum Erstaunen des Erwachsenen, der nichts Konkretes identifizieren kann –, dies bedeute diesen oder jenen Gegenstand, diese oder jene Person. Einige Zeit später kann dasselbe Kritzelbild nach Angabe des Kindes etwas vollkommen anderes darstellen. Die Benennungen der jeweiligen Zeichnungen sind anfangs austauschbar.

Betrachtet man die Kinder während des Zeichnens, so fällt auf, daß sie anfänglich mit den Augen ihrem graphischen Tun lediglich folgen; etwa ab Mitte des dritten Lebensjahres beginnen sie dann jedoch, ihre Bewegungen zu steuern, zu kontrollieren. Dies erst ermöglicht den Kindern eine weitere zeichnerische Entwicklung. Hierbei spielt nun die in sich geschlossene Rundform eine wesentliche Rolle, Volumen – und damit Menschen und Gegenstände – werden darstellbar. Dies besagt auch, daß von nun an die Bezeichnungen des Dargestellten nicht mehr beliebig wechseln, sondern feste Zuordnungen getroffen werden.

1.3 Die Phase des kindlichen Realismus

1.3.1 Allgemeine Darstellungsprinzipien

Das Kind beginnt – im Anschluß an seine Kritzelphase mit der Zwischenstufe des sinnunterlegten Kritzelns – Personen und Gegenstände seiner Umgebung abzubilden. Hierbei handelt es sich augenscheinlich nicht um detailgenaue Wiedergaben, denn das Kind malt nicht so sehr das, was es von einer Person oder einem Gegenstand sieht, sondern was ihm wichtig ist. Es wäre ein Irrtum zu glauben, das Kind nähme eine »Abstraktion« vor; dies würde bedeuten, daß es dem Kind möglich wäre, die Dinge in ihrem »Wesen«, ihrem schmückenden Beiwerk entkleidet, darzustel-

len. Zu dieser Leistung ist das Kind in keiner Weise fähig. Das Kind reduziert nicht die Gesamterscheinung auf das von ihm als wirklich Empfundene im Sinne einer aktiven Leistung zur Differenzierung unter bewußter Auslassung, sondern gestaltet sie entsprechend seiner momentanen, kindlichen, noch unvollständigen Vorstellung. Das Kind malt also primär die Gegenstände nicht so, wie es sie sieht, sondern entsprechend dem, was es von ihnen (bereits) weiß *und* entsprechend der Wichtigkeit, die diese Gegenstände für sein kindliches Erleben haben.

Sofern ein unsichtbares Detail dazu beitragen kann, das darzustellende Objekt besser zu charakterisieren, wird es gegen allen Augenschein dargestellt. Auf diese Weise vergrößert das Kind die Menge der Information auf seinem Bild und entfernt sich – aus der Sicht des Erwachsenen – von einer »realistischen« Darstellung. Das Kind in diesem Alter kopiert also nicht ein reales Objekt, sondern ein inneres Modell, das es sich entsprechend seiner Auffassungsgabe und seinen momentanen Interessen gemacht hat.

Wenn wir diese *Ausdrucksproportionen* beachten, erkennen wir in den kindlichen Zeichnungen dieser Entwick-

Abb. 2 Kopffüßler –
Grund-form ohne Arme
(Nadja, 3; 7 Jahre)

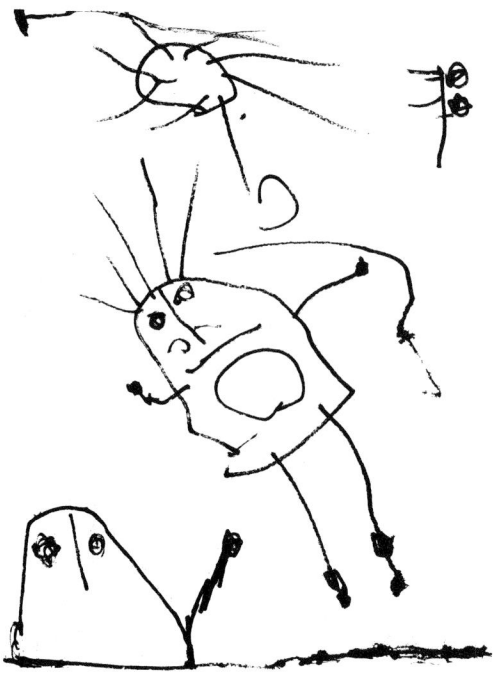

Abb. 3 Kopffüßler »mit Bauch« (Übergangsform zu den sog. »halslosen Wesen«) (Zeichnung eines vierjährigen Kindes)

lungsstufe nicht so sehr Disharmonien, sondern eine *ausdruckshafte Wohlproportioniertheit*. Ein kurzes Beispiel soll dies illustrieren:

Ein Vater macht mit seinem erst fünf Jahre alten Sohn einen Waldspaziergang. Sie sehen einen Specht an einem Baum, und der Vater macht seinen Sohn darauf aufmerksam, daß nur die großen Krallen des Vogels diesen befähigen, an einem senkrechten Stamm zu haften. Auf einem zweiten Spaziergang werden die beiden wieder von einem Specht angelockt, diesmal jedoch durch sein Klopfen, durch das er mittels seines starken Schnabels eine Höhle in den Stamm hackt.

Nach jedem der beiden Spaziergänge fertigt der Knabe eine Zeichnung an, die das erste Mal einen Specht als Haftvogel mit riesenhaften Krallen, das zweite Mal einen Specht als Hackvogel mit einem Ungetüm von Schnabel zeigt (nach *Meyers* 1960).

1.3.2 Die Kopffüßler

Eine Sonderstellung nimmt in dieser Phase des kindlichen Realismus zweifellos der Mensch und seine Darstellung ein. Die ersten Menschendarstellungen finden sich in der Zeit, in der das Kind seine Zeichnungen zu benennen beginnt, oft sind in dem Liniengeknäuel jedoch für den Betrachter noch gar keine Strukturen erkennbar. Erst mit knapp vier Jahren finden sich die für diese Altersstufe typischen Menschendarstellungen: die *Kopffüßler*. Ihres konstanten Auftretens wegen haben sie bereits zu vielen Spekulationen Anlaß gegeben (vgl. *Kagin* 1978), s. Abb. 1–4.

Die Kopffüßler gelten als typisches normales, zeichnerisches Durchgangsstadium bei ca. vierjährigen Kindern (einige Kinder allerdings überspringen das Kopffüßlerstadium und stellen von Anfang an Menschen dar, die aus mehreren mehr oder weniger runden Formen zusammengesetzt sind). Zeichnerische Voraussetzung ist, daß das Kind in der Lage ist, eine in sich geschlossene Rundform aufs Papier zu bringen. Hierzu ist es gegen Ende der Kritzelphase in der Lage, wenngleich es auch seine Fähigkeit meist noch nicht unmittelbar zur Darstellung von Menschen verwendet.

Es erscheint unmittelbar einsichtig, wenn wir feststellen, daß am Erscheinungsbild des Menschen in erster Linie der Kopf bzw. das Gesicht für das Kind wichtig sind. Von ihm liest es Wohlwollen und Mißbilligung ab, von ihm aus gestaltet sich der soziale Kontakt. Das Zweitwichtigste aus dieser kindlichen Perspektive dürften Arme und Beine sein, die dem weiteren Kontakt wie auch der Eroberung des Umraumes dienen (vgl. *Reichert* 1968). Einige Autoren sind nun der Ansicht, das Kind reduziere die Gesamterscheinung auf das von ihm als wesentlich Empfundene.

Ein solches Vermögen zur Abstraktion ist aber sicher nicht als eine aktive Leistung zur Differenzierung aufzufassen. Eher erscheint ein ganzheitspsychologischer Ansatz gerechtfertigt. Die dargestellten Teile stehen für die gesamte menschliche Figur. *Meyers* sieht in diesen »pars-pro-toto«-Erscheinungen das beste Beweismaterial gegen die Annahme einer »teilinhaltlichen Beachtung der Dingwelt durch das Kind« und für den Fundamentalsatz der Ganzheitstheorie: »Das Ganze ist eher als die Teile.«

Wenn ein Vierjähriger in seiner Menschendarstellung unmittelbar an den »Kopf« die Beine hängt, so beabsichtigt er ebenso unzweifelhaft nicht ein auf zwei Beinen stelzendes Kopfungetüm, sondern in seinem »Kopffüßler« einen vollständigen und normalen Menschen abzubilden (Abb. 2). Die dabei stattfindende »Kompression« erfolgt auch keineswegs planlos, zufällig und ungerichtet, vielmehr aus stärkster handlungs- und gefühlsbezogener Anteilnahme ganz auf Wertung und Bedeutung hin (*Meyers* 1960). *Für das Kind ist der Kopffüßler eine vollgültige, seiner Realitätsauffassung entsprechende Menschendarstellung. Das zentrale runde Gebilde ist Innenraum, nicht nur Kopf, sondern Kopf und Leib zugleich.* Ein eindrucksvolles Bildbeispiel ist in Abb. 3 wiedergegeben; Bauch und Bauchnabel sind in das zentrale runde Gebilde hineingezeichnet worden. Diese Annahme wird weiter gestützt durch die Tatsache, daß viele Kinder diesem sogenannten Kopf rechts und links die Arme ansetzen, ihn also einem Körper gleichsetzen (s. Abb. 4). *Richters* (1976) Bezeichnung eines *binnendiffusen massigen Insgesamts von Haupt und Leib* darf als zutreffend erachtet werden. Auch in der weiteren zeichnerischen Entwicklung zeigt sich häufig die Identität von Kopf

Abb. 4 Kopffüßler – Grundform mit Armen und »halsloses Wesen« (Manuela, 4; 1 Jahre)

und Leib insofern, als das Gesicht immer weiter an den oberen Pol des zunehmend ovaler werdenden Gebildes rutscht und somit der Eindruck eines *halslosen Wesens* entsteht. Auf manchen Kinderzeichnungen finden sich sogar Kopffüßler und halslose Wesen nebeneinander; es fällt auf, daß in diesen Fällen die Kopffüßler meist kleiner sind, Kinder darzustellen scheinen, während Erwachsene in einer zeichnerisch bereits weiter ausdifferenzierten Form dargestellt werden (s. Abb. 4)!

Eine Beziehung zwischen der Entwicklung der Zeichenfähigkeit und des *Körperschemas* (*Schilder* 1923) erscheint auf den ersten Blick wahrscheinlich. Unter dem Körperschema verstehen wir die jeweils konkrete, auf Erfahrungen aufbauende, in der Situation aktualisierte Vorstellung vom eigenen Leib. Diese Körpervorstellung entwickelt sich beim Kind durch die Auseinandersetzungen mit den Gegebenheiten der Umwelt. Entsprechend dem allgemeinen psychophysischen Reifezustand drei- bis vierjähriger Kinder sind die Wahrnehmung und die Vorstellung vom eigenen Körper noch unvollständig. Die Untersuchungen von *Poeck* und *Orgass* (1964) zeigen allerdings, daß vierjährige Kinder bereits zu 95 Prozent richtig der Aufforderung nachkommen, Bauch und Hals bei sich selbst wie auch an einer Puppe zu zeigen (wohingegen Brust und Schulter erst von ca. 20 Prozent der Kinder dieser Altersgruppe richtig gezeigt werden). *Nicht so sehr das Wissen um den Körper als vielmehr die Orientierung auf Wertung und Bedeutung hin scheinen also bei den Kopffüßlerzeichnungen dieser Kinder – wie bereits beschrieben – ausschlaggebend zu sein* (s. auch Abb. 3). Im Zusammenhang mit der Besprechung einzelner Krankheitsbilder werden wir auf das Problem des Körperschemas und seiner Störungen zurückkommen.

Der Weg der zeichnerischen Entwicklung muß nicht unbedingt über die Elongation der Kopffüßler führen, manche Kinder wählen jetzt schon eine Aneinandergliederung mehrerer runder und ovaler Formen. Auf das Nebeneinander von verschiedenen zeichnerischen Entwicklungsstufen werden wir bei der Besprechung des »Zeichne-einen-Menschen-Tests« anhand eines Beispieles zurückkommen (vgl. auch Abb. 1).

Wenn wir hier die Auffassung einer Identität von Kopf und Leib in den Kopffüßlerdarstellungen so in den Vordergrund gestellt haben, so deshalb, weil wir darauf immer wieder zurückgreifen werden, da dies zum Verständnis anderer Kopffüßlerdarstellungen, insbesondere der mittelalterlichen Darstellungen sowie der Unterschiede bei den Zeichnungen Schizophrener, wesentlich beiträgt.

Das bisher Gesagte macht auch deutlich, daß der Begriff »Kopffüßler« nicht sehr glücklich gewählt ist, gibt er doch keinen Hinweis auf die Identität von Kopf und Leib in diesen Zeichnungen. So wird auch im folgenden dieser Begriff lediglich als ein rein beschreibender beibehalten (dabei ist noch darauf hinzuweisen, daß nur in einigen Gebieten Deutschlands der Begriff »Fuß« für das gesamte Bein Verwendung findet).

Mit ungefähr fünf Jahren sollten Kinder das Kopffüßlerstadium zugunsten differenzierterer Menschendarstellungen aufgegeben haben. Ist dies nicht der Fall, so ist von einer Retardierung zu sprechen.

Geschlechtsspezifische Unterschiede bestehen insofern, als die Zeichnungen der Mädchen in den unteren Schulklassen denen der Jungen überlegen sind. Im Alter von acht oder neun Jahren haben dann die Jungen jedoch die Mädchen nicht nur erreicht, sondern übertreffen sie häufig an Qualität und Ausführlichkeit ihrer Zeichnungen (*Koppitz* 1968). Mit ca. acht Jahren fügen Kinder zwischen den Kopf- und den Leibkreis einen Hals ein, allmählich wenden sie sich auch Profildarstellungen zu. Perspektivische Darstellungen sowie Fragen der Proportion der Einzelteile zueinander bleiben im allgemeinen jedoch noch bis zu einem Alter von ca. elf Jahren weitgehend belanglos für kindliche Zeichnungen. Entsprechend dem momentanen Interesse bestimmt das Kind die Größenverhältnisse, so daß weiterhin das physiologische Phänomen der »Ausdrucksproportion« im Vordergrund steht.

1.4 Die Phase des visuellen Realismus

Ungefähr ab dem 11. Lebensjahr achtet das Kind zunehmend auf perspektivische Darstellungen, auf Proportionen und Maße. Hierbei spielen Erfahrung und Vorbilder, Schulung und Übung eine große Rolle. Es entstehen jetzt Bilder, auf denen die abgebildeten Motive im »richtigen« Verhältnis zueinander stehen. Gegenüber der Ausdrucksproportioniertheit früherer Zeichnungen erscheinen viele dieser »richtigen« Bilder nun allerdings weniger originell, weniger ausdrucksstark.

Viele Kinder geben nun auch das Zeichnen als Ausdrucksform auf, teilen ihre Gedanken und Gefühle durch das gesprochene und geschriebene Wort mit. Nur einige zeichnerisch begabte Kinder behalten das Zeichnen als Ausdrucksmittel bei bzw. greifen es zu einem späteren Zeitpunkt, häufig während der Pubertät, wieder auf.

1.5 Kinderkunst?

Der Begriff »Kunst« wird vielfältig verwendet. Man spricht von einer Kunst der Primitiven, einer Kunst der Geisteskranken, einer Volkskunst und auch von einer Kinderkunst. Einer derartig inflationären Verwendung des Begriffes Kunst sollen hier, um grundlegende Mißverständnisse zu vermeiden, einige kritische Bemerkungen entgegengehalten werden (vgl. hierzu *Reichert* 1968, *Grötzinger* 1961, *Mühle* 1967).

Das Kind steht von Geburt an vor der Aufgabe, die Wirklichkeit zu erkennen, zu erfassen, schließlich soweit als möglich zu bewältigen. Hierzu bedient es sich einer Vielzahl von Methoden, unter denen insbesondere das kindliche Spiel als eine Form der Bewältigung und Aneignung von Wirklichkeit hervorzuheben ist. In diesem Zusammenhang ist auch das kindliche Zeichnen zu sehen, von dem *Grötzinger* (1961) zu Recht sagt: »*Ziel der scheinbar künstlerischen Entwicklung des Kindes ist also nicht die Kunst, sondern die Wirklichkeit.*« Das Kind ist stets bestrebt, diese Wirklichkeit Stück um Stück besser zu erfassen, u. a. dadurch, daß es sie zeichnerisch »bewältigt«. Was das Kind gemalt hat von seiner Sach- und Personenumwelt, das hat es (in einem ganz wörtlichen Sinn:) begriffen, das ist Erfahrungsbesitz. Das Gefühl der Geborgenheit und Sicherheit in einer Welt, die es nicht genügend kennt, in der es sich orientieren, einpassen und einordnen muß, der Erwerb dieser Sicherheit ist zunächst das Ziel aller kindlichen Aktivität, u. a., auch seiner graphischen Äußerung. Dieses Erfassen der Umwelt geht den Weg von einer zunächst ausschließlichen Subjektivität zu einer immer stärkeren Objektivität. Infolge seines motorisch-koordinativen Unvermögens sowie der reifungsbedingten Unfähigkeit, die äußere Erscheinungswelt zu unterscheiden von der Bilderwelt seiner Vorstellung, stellt es eine empfundene Realität dar und nicht die gesehene (vgl. die Phase des kindlichen Realismus). »In diesem Kern der Bildschöpfung liegt die Gemeinsamkeit des Schaffens beim Kind und beim Künstler (insbesondere des modernen). Auch er versucht, die erlebte Wirklichkeit wiederzugeben. Während beim Kind der Ausdruck des Erlebten unmittelbar erfolgen kann, ist beim Erwachsenen das Urtümliche der Begegnung des Individuums mit den Dingen dieser Welt überlagert vom Wissen um sie. Diese Schicht der Konvention, des Vor-Urteils, auch des handwerklichen Könnens, muß durchdrungen werden, um von einer bloßen Abbildung zu einer Aussage zu kommen, die das Wesentliche und somit das Wesen trifft. Der moderne Künstler muß seiner Spontaneität den Weg erst freilegen« (*Reichert* 1968).

Auf diese Zusammenhänge wird auch von *Mühle* (1967) ausdrücklich hingewiesen: »Die Kinderzeichnung ist ihrem Ansatz nach (gegenständliche) Darstellung und nicht ›Ausdruck‹ im Sinne des Erlebens- oder Wesensausdrucks. Eben darin unterscheidet sie sich von jeder künstlerischen Formgebung. Die Darstellung wiederum ist nicht Selbstzweck, sondern dient der Bewältigung bestimmter vorgegebener ›Gegenstände‹ und ist somit eine Weise der Auseinandersetzung mit der Umwelt, die in irgendwelcher Form sich anzueignen das Kind bestrebt ist.«

Die zeichnerische Entwicklung der Kinder wurde hier beschrieben als ein schrittweiser Erwerb von Fähigkeiten, als schrittweise Annäherung an Realität und schließlich deren Bewältigung. Hieraus ergeben sich ein großer Teil der Themen, die uns lebenslang beschäftigen, vielleicht der größte Teil der Themen überhaupt. Das große Interesse für die Bildnerei der Kinder läßt sich so unschwer verstehen. Künstlerische Betätigung und tastender Erwerb eines tragfähigen Realitätsbezuges sollten jedoch voneinander unterschieden werden: »*Es ist ein Irrtum zu glauben, das kindliche Bildschaffen sei eine künstlerische Betätigung*« (*Reichert* 1968).

1.6 Exkurs:
Die Malerei der Affen

Bereits 1933 veröffentlichte das Ehepaar *Kellogg* seine Untersuchungen und Vergleiche zwischen kindlichen Malereien und der Malerei eines Schimpansen. Auf größeres Interesse stießen diese Untersuchungen jedoch erst in den 50er und 60er Jahren. Sie erschienen als *»einzigartige Dokumente, als Unterlagen für einen neuen Zugang zu dem Phänomen Kunst auf dem Weg über die Biologie«* (*Morris* 1968). Diese Bilder interessieren uns im Rahmen unseres Themas nur insoweit, als wir sie mit der zeichnerischen Entwicklung des Kindes vergleichen wollen.

Das Ehepaar *Kellogg* traf bereits drei wichtige Feststellungen:

1. daß ein Schimpanse »kritzelt«, wenn man es ihm vormacht;
2. daß das Kritzeln anschließend zur selbständigen, spontan ausgeführten Aktion wird;
3. daß das Kind aus dem Kritzelstadium schneller zum imitativen Verhalten vorstößt, während der Affe im Kritzelstadium verbleibt.

Bei den später getesteten Affen wurde das Leistungsniveau näher differenziert. Auffällig und von vornherein nicht unbedingt zu erwarten war eine Rücksichtnahme der zeichnenden Affen auf das Blattformat. Nur selten malte einer der Affen über das Blatt hinaus. Wurden Formen auf dem Papier vorgegeben, so wurden diese nicht etwa ignoriert, sondern in eine Komposition einbezogen. War die vorgegebene Form exzentrisch angeordnet, so wurde diese Form nicht markiert, sondern eher auf die verbleibende freie Fläche gekritzelt, so daß eine »ausgewogene Komposition« entstand. Schließlich war noch eine Tendenz zur Entwicklung einer »Kalligraphie« festzustellen, ausgehend von einfachen Linien bis hin zu kräftigen, mehrfachen Kritzeltypen. Die weitestgehende graphische Leistung bestand schließlich bei einigen getesteten Affen in der Zeichnung kompletter Kreise. Dies haben wir als Voraussetzung für die Darstellung von Volumen, besonders für die Darstellung von Menschen, bereits kennengelernt; *von der Kreisform führt der Weg zu den Kopffüßlern. Zu diesem entscheidenden Schritt von den einfachen geometrischen Formen hin zur Verwendung dieser Form zur Darstellung sind die Affen dann jedoch nicht mehr fähig.* Sie verbleiben im Substadium des «*verschieden geformten Kritzelns*» des Kritzelstadiums.

1.7 Der Zeichne-einen-Menschen-Test (ZEM)

Die zeichnerische Entwicklung von Kindern, die wir skizziert haben und die regelhafte Abläufe erkennen läßt, hat schon früh zu testpsychologischen Überlegungen veranlaßt (Übersichten s. b. *Brickenkamp* 1975, *Gottschaldt* 1971).

Viele Tests sind jedoch nur ungenügend validiert und erfüllen nicht die an psychologische Tests zu stellenden Bedingungen. Im Rahmen unseres Themas wollen wir lediglich auf einen Test, den ZEM-Test, zu sprechen kommen. Er wurde von *Elisabeth M. Koppitz* (1968) erarbeitet und beruht auf einem von *Goodenough* (1926, 1928) bereits in den 20er Jahren entwickelten Intelligenztest sowie den daran anschließenden Arbeiten von *Machover* (1949) u. a., die mehr projektive Aspekte in den Vordergrund des Interesses rückten.

Als Testmaterial dient ein DIN-A-4-Bogen und ein Bleistift mittlerer Härte. Die Testanleitung lautet: »Ich möchte, daß du auf dieses Blatt Papier eine ganze Person zeichnest. Du kannst jede Art von Person zeichnen, nur achte darauf, daß es eine ganze Person wird und nicht nur ein Strichmännchen oder eine Witzblattfigur.«

Die Testdauer ist nicht beschränkt, die meisten Kinder brauchen erfahrungsgemäß weniger als zehn Minuten für ihre Zeichnung.

Die Zeichnungen werden auf zwei verschiedene Typen von objektiven Merkmalen hin untersucht und ausgewertet, und zwar nach *Entwicklungsmerkmalen* einerseits und *emotionalen Faktoren* andererseits. Die Verfasserin unterschied an den ihr vorgelegten Zeichnungen 30 verschiedene Details, die sie als Entwicklungsmerkmale bezeichnete (z. B. Kopf, Augen, Pupillen, Nasenlöcher . . ., Arme zweidimensional, Arme nach unten weisend, . . . richtige Anzahl der Finger . . ., Kleidung: vier oder mehr Stücke). Für jedes vorhandene Merkmal wurde ein Punkt gegeben. Als zu erwartende Einzelmerkmale wurden von der Autorin diejenigen Details gerechnet, die zu 85 bis 100 % in der jeweiligen Altersstufe vorkommen.

Durchgeführte Teiluntersuchungen ergaben, daß die Darstellung dieser aufgelisteten Einzelheiten hauptsächlich vom Alter und Reifegrad des Kindes abhängen. Nur bei einigen Einzelheiten, insbesondere bei Haaren, Kleidungsstücken, die unzweifelhaft soziokulturellen Einflüssen unterliegen, war dies nicht der Fall.

Die emotionalen Faktoren, vom Alter und der Reife des Kindes unabhängig, vermitteln ein Bild von seinen Ängsten, seinen Sorgen und seiner inneren Einstellung. Die Autorin verzeichnet:

1. Merkmale der zeichnerischen Beschaffenheit
   (z. B. gebrochene oder skizzierte Linien, starke Asymmetrie der Gliedmaßen, Transparenzen usw.);
2. besondere Merkmale
   (z. B. winziger Kopf, leere Augenhöhlen, Hände von der Größe des

Gesichts, drei oder mehr spontan gezeichnete Gestalten usw.);

3. Weglassen

(z. B. Weglassen der Augen, der Nase, der Füße, *des Körpers!*).

Das klinische Material wird von der Autorin in sorgfältiger und differenziert gesichteter Form vorgelegt, z. T. durch statistische Untersuchungen untermauert.

Auf das *Weglassen des Körpers* – somit die Kopffüßler-Darstellungen der Kinder im ZEM wie auch in sonstigen thematisch ungebundenen Zeichnungen – werden wir bei der Besprechung der Psychopathologie des Ausdrucks zurückkommen.

1.8 Literaturangaben

Brickenkamp, R.: Handbuch psychologischer und pädagogischer Tests. Verlag für Psychologie Hogrefe. Göttingen, Toronto, Zürich 1975

Goja, H.: Zeichen-Versuche mit Menschenaffen. Zeitschrift für Tierpsychologie *16* (1959) 369–373

Goodenough, F. L.: Measurement of intelligence by drawings. Harcourt, Brace and World, New York 1926

Goodenough, F. L.: Studies in the psychology of children's drawings. Psychol. Bull. *25* (1928) 272–283

Gottschaldt, K. (Hrsg.): Handbuch der Psychologie. Bd. 6. Verlag für Psychologie Hogrefe. Göttingen 1971

Graewe, H.: Geschichtlicher Überblick über die Psychologie des kindlichen Zeichnens. Archiv für die gesamte Psychologie. Hrsg. von W. Wirth, Bd. 96, Leipzig 1936

Grötzinger, W.: Kinder kritzeln, zeichnen, malen. 2. Aufl., Prestel-Verlag, München 1961

Harris, D. B.: Children's Drawings as measurement of intellectual maturity. Harcourt, Brace and World, New York 1963

Kagin, S. L.: Perception and the encephalopod: Human Figure Drawing by Four year olds. Art Psychotherapy *5* (1978) 143–147

Kellogg, W. N. u. L. A.: The Ape and the Child. McGraw-Hill, New York 1933

Koppitz, E. M.: Die Menschendarstellung in Kinderzeichnungen. Hippokrates Verlag, Stuttgart 1972 (englische Originalausgabe bei Grune & Stratton, New York 1968 unter dem Titel: »Psychological Evaluation of children's Human Figure drawings«)

Machover, K.: Personality projection in the drawing of the human figure. Springfield, Illinois 1949

Meyers, H.: Die Welt der kindlichen Bildnerei. Luther-Verlag, Witten 1973

Meyers, H.: Stilkunde der naiven Kunst. Verlag Waldemar Kramer, Frankfurt/M. 1960

Morris, D.: Der malende Affe. dtv, München 1968

Mühle, G.: Entwicklungspsychologie des zeichnerischen Gestaltens. Barth-Verlag, München 1967

Poeck, K., Orgass, B: Die Entwicklung des Körperschemas bei Kindern im Alter von 4–10 Jahren. Neuropsychologica *2* (1964) 109–130

Reichert, S.: Kindliches Bildschaffen als Ausdruck einer biologischen Entwicklung, heilerzieherische Gesichtspunkte. Praxis Kinderpsychiatrie *17* (1968) 127–134

Rensch, B.: Ästhetische Faktoren bei Farb- und Formbevorzugungen von Affen. Zeitschrift für Tierpsychologie *14* (1957) 71–99

Richter, H. G.: Anfang und Entwicklung der zeichnerischen Symbolik. Aloys Henn Verlag, Kastellaun 1976

Schilder, P.: Das Körperschema. Springer, Berlin 1923

Schuster, M., Beisl, H.: Kunst-Psychologie: Wodurch Kunstwerke wirken. DuMont, Köln 1978

Widlöcher, D.: Was eine Kinderzeichnung verrät. Methode und Beispiele psychoanalytischer Deutung. Kindler-Verlag, München 1974

2 Kopffüßlerdarstellungen als psychopathologisches Phänomen

2.1 Vorbemerkungen

Wie im vorangegangenen Kapitel dargestellt wurde, verwenden die meisten Kinder im Alter von ca. vier Jahren zur Menschendarstellung das Kopffüßlerschema. Außerhalb dieser Altersgruppe sind Kopffüßlerdarstellungen als ein psychopathologisches Phänomen zu betrachten. Es ergibt sich jedoch keine einfache Zuordnung einzelner Kopffüßler zu bestimmten Krankheiten oder Krankheitsgruppen, statt dessen finden wir dieses Bildthema bei einer Vielzahl psychiatrischer Krankheiten.

Abb. 5 Kopffüßlerdarstellung eines psychisch retardierten, neunjährigen Jungen (aus *Nissen, P.:* Bildnerisches Schaffen psychisch gestörter Kinder. Materia Medica Nordmark *25* [1973] 212–218)

Systematische und umfangreiche Untersuchungen der bildnerischen Ausdrucksformen psychiatrischer Patienten befassen sich weit überwiegend mit denen an einer Schizophrenie erkrankten Patienten und ihren Bildern, eine Übersicht über das entsprechende Schrifttum wird im Zusammenhang mit der Besprechung der Schizophrenie gegeben (s. 3.6.1). Die Bildnerei anderer Patientengruppen hat demgegenüber weit weniger Aufmerksamkeit erregt; so gibt es z. B. nur spärliche Angaben über die Bildnerei geriatrischer Patienten.

Für eine Besprechung der Psychopathologie des Ausdrucks sind verschiedene Einteilungen möglich. Es soll zunächst eine nur nosologisch orientierte Darstellung erfolgen, dies vor allem deshalb, weil der größte Teil der Angaben in der Literatur sich jeweils auf einzelne Krankheitsgruppen bezieht.

2.2 Darstellungen retardierter Jugendlicher

Der Begriff der Retardierung besagt, daß eine Verzögerung der geistig-seelischen – und eventuell auch körperlichen – Entwicklung vorliegt. Ursächlich kommen körperliche Erkrankungen in Betracht (z. B. Stoffwechselstörungen, Mangelernährungen, Infektionen des Nervensystems) sowie seelische Belastungen (z. B. Mangel an liebevoller Zuwendung und Pflege; schwerwiegende Konflikte in der Familie). Es handelt sich um eine Entwicklungshemmung, die im weiteren Verlauf ausgeglichen werden kann. In ungünstigen Fällen wird jedoch eine Minderbegabung oder ein anderer psychischer Defekt resultieren (z. B. Charakterdeformierung bei anhaltenden seelischen Belastungen). Gar nicht selten kombinieren sich körperliche und seelische Störungen, so z. B., wenn ein körperlich zurückgebliebenes Kind nun auch noch in seinem sozialen Umfeld stets die schmerzliche Erfahrung machen muß, das schwächste und benachteiligtste Kind zu sein, gehänselt zu werden usw.

Wie bereits beim ZEM-Test (s. 2.7) ausgeführt wurde, gibt es viele verschiedene Hinweise auf eine Retardierung, eines ist das Verharren im Kopffüßlerschema.

Nissen (1973) veröffentlichte die Kopffüßlerdarstellung eines neunjährigen, psychisch extrem retardierten Jungen (s. Abb. 5). Zu vermuten – und im speziellen Falle zu beweisen – sind starke aggressive (autoaggressive?) Tendenzen, die einerseits im Gesamteindruck, speziell in der Betonung der Mundpartie zum Ausdruck kommen.

Auf das Phänomen, daß Kopffüßler und weiter entwickelte Menschendarstellungen nebeneinander in einer Zeichnung vorkommen können, wurde bei der Besprechung der zeichnerischen Entwicklung der Kinder bereits verwiesen.

Klinisches Beispiel: Jake

E. Koppitz (1968) berichtet über Jake, einen sieben Jahre alten Jungen (s. hierzu Abb. 6). Jake hatte im ersten Schuljahr beträchtliche Schwierigkeiten. Er konnte keine Anweisungen befolgen, war unfähig, zu lesen oder Zahlenbegriffe zu erfassen. Er war ein höchst gespanntes und ängstliches Kind, das sich nur auf kurze Zeit konzentrieren und nie Ruhe finden konnte. In der Schule galt Jake als Störenfried. Der Schulleiter und die Lehrerin rieten Jakes Mutter, sich an die Beratungsstelle um Hilfe zu wenden. Jakes Mutter befolgte diese Anregung, da

sie auch zu Hause große Schwierigkeiten mit dem Jungen hatte. Jake stritt sich ständig mit der jüngeren Schwester, hatte vor allen möglichen Dingen Angst, nörgelte stets am Essen, weinte leicht und näßte ein.

Beim ersten Besuch in der Beratungsstelle wirkte der Junge schüchtern und nervös gespannt, zeigte sich aber sehr willig und zur Mitarbeit bereit. Äußerlich glich er mehr einem acht- als einem siebenjährigen Jungen, sein Benehmen entsprach aber eher dem eines sechsjährigen Kindes. Er wurde aufgefordert, einen ZEM zu zeichnen (s. Abb. 6). Spontan zeichnete er zwei Gestalten, »ein Mädchen und einen Jungen«, verzichtete aber darauf, nähere Erklärungen zu geben.

Zusätzlich zur Zeichnung durchgeführte Testuntersuchungen ergaben, daß Jakes Intelligenzleistung knapp unterdurchschnittlich war. Zur Vorgeschichte war zu erfahren, daß die »Geburt dramatisch verlaufen sei«, daß Gehen und Sprechen sich ungewöhnlich langsam entwickelt hatten. Mit drei Jahren erlitt Jake eine Gehirnerschütterung.

Es gehört zu den Auffälligkeiten im ZEM, wenn auf die Aufforderung hin, einen Menschen zu zeichnen, zwei oder mehr Personen dargestellt werden. Jake zeichnete, wie er sich selbst ausdrückte, »ein Mädchen und einen Jungen«. Die beiden Gestalten stellen vermutlich die Schwester des Jungen und ihn selbst dar. Im Hinblick auf diese Annahme fällt auf, daß die jüngere Schwester erheblich größer gezeichnet wird als die ihn selbst repräsentierende Figur des Jungen. Zudem greift Jake für die Darstellung des Jungen auf das Kopffüßlerschema zurück, das er, wie die Zeichnung des Mädchens beweist, eigentlich schon längst überwunden hat. *E. Koppitz* schreibt hierzu: »Da Jake das Mädchen zuerst und größer als den Jungen zeichnete, wurde angenommen, daß im Brennpunkt von Jakes Angst und Kummer seine einzige, fünfjährige Schwester stand. Der Junge zeichnete die Gestalt der Schwester vollständig mit einem Körper, ließ den Körper aber im Bild von sich weg. Daraus wurde geschlossen, daß Jake unter intensiver Kastrationsangst litt, die wahrscheinlich irgend-

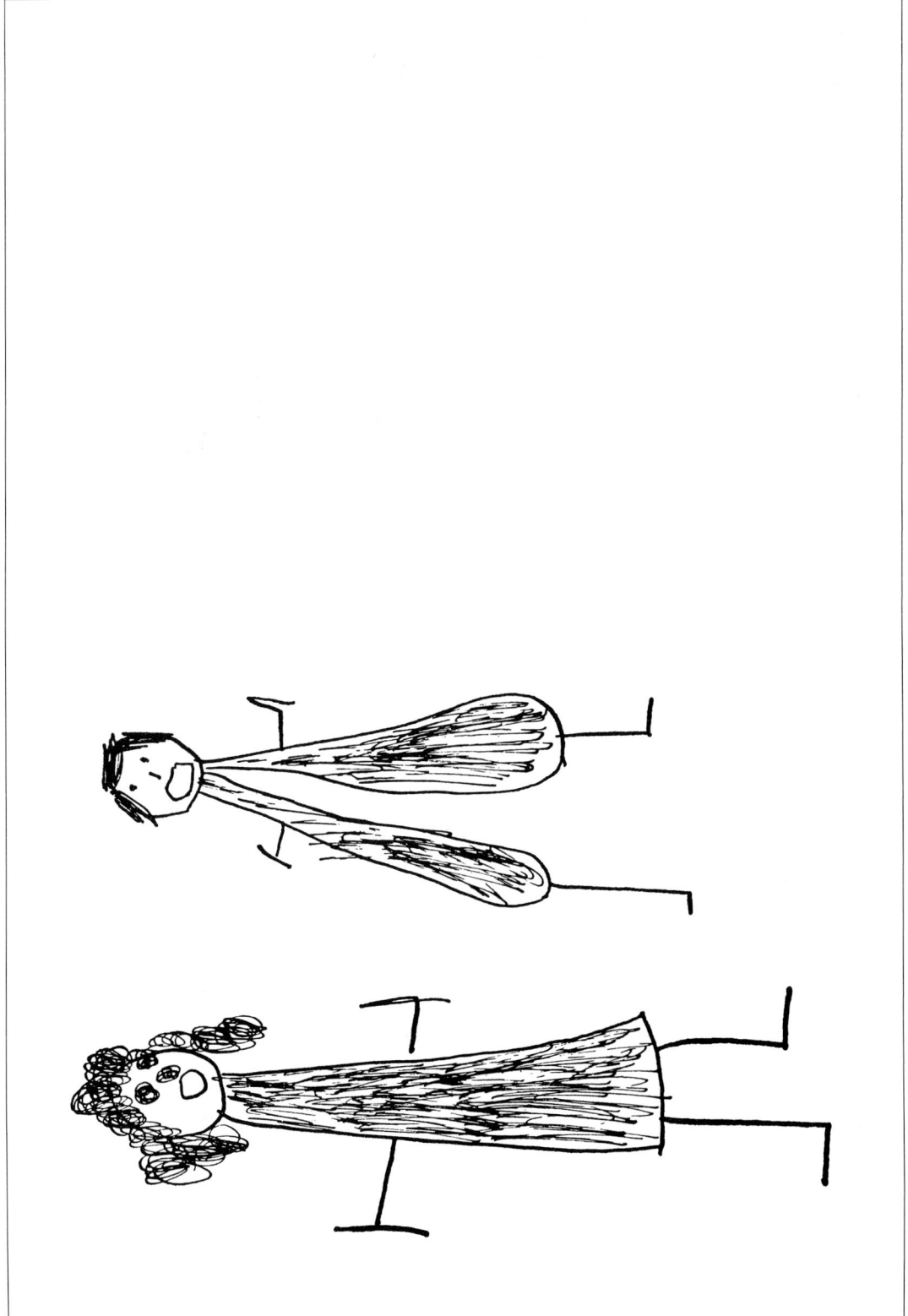

Abb. 6 Kopffüßlerdarstellung eines siebenjährigen Jungen (aus *Koppitz, E.*: Die Menschendarstellung in Kinderzeichnungen. Hippokrates, Stuttgart 1972)

wie mit der Geburt seiner Schwester zusammenhängt. Die Gestalt des Jungen wurde mit einem großen, geöffneten Mund gezeichnet, als rufe er um Hilfe. Die kurzen Arme deuten wohl auf Schüchternheit und eine Unfähigkeit hin, mit anderen Kontakt zu gewinnen. Die Plazierung des Jungen auf dem Papier weist darauf hin, daß er »in der Luft hängt«, während die Schwester, die näher zum unteren Rand des Papiers gezeichnet ist, etwas besser und sicherer zu stehen scheint.«

Jakes Kopffüßlerdarstellung unterscheidet sich allerdings in nicht unerheblicher Weise von den Kopffüßlerdarstellungen vierjähriger Kinder. Letztere zeichnen die Arme, sofern sie überhaupt Arme darstellen, als am Kopf ansetzende, strichförmige Gebilde. Jake hingegen setzt die Arme tiefer, an den Beinen an. Zudem sind diese Beine wie von »Knickerbockern« bedeckt, ein Phänomen, das ebenfalls mehr auf ein Weglassen des Körpers verweist als etwa eine Einheit von Kopf und Leib, wie es für die Kopffüßlerdarstellungen vierjähriger Kinder charakteristisch ist. Wie an weiteren Beispielen aufzuzeigen sein wird, könnte der Ansatz der Arme von differentialdiagnostischer Bedeutung sein insofern, als ein Beibehalten des Ansatzes der Arme an der Kopf-Leib-Einheit eher für eine Retardierung spricht, ein tieferes Ansetzen der Arme an den Beinen jedoch eher für eine Regression spricht, d. h. ein Zurückgleiten in der Entwicklung auf ein Stadium, das bereits einmal überwunden gewesen ist.

2.3 Darstellungen geistig Minderbegabter

Die Oligophrenie (angeborener Schwachsinn) ist kein ätiologisch einheitlicher Begriff, zudem besteht eine gewisse Überschneidung mit der Gruppe der retardierten Kinder insofern, als die Retardierung Ausdruck eines angeborenen Schwachsinns sein kann.

In ätiologischer Hinsicht lassen sich drei Gruppen bilden:

a) unkomplizierter erblicher Schwachsinn (ohne faßbare endokrine oder sonstige Störung)
b) erbbedingter Schwachsinn mit bestimmtem dynamischen Ablauf (eine Vielzahl von Stoffwechselstörungen ist bekannt, oft kann eine rechtzeitige Identifizierung des Defekts mit entsprechender frühzeitiger Therapie den Intelligenzdefekt verhindern, so z. B. bei Phenylketonurie)
c) exogene Schwachsinnsform (perinatale Erkrankungen, frühkindlicher Hirnschaden).

Nach der Ausprägung des Schwachsinns werden drei Grade unterschieden:

a) Debilität (noch schulfähig)
b) Imbezillität (nur sonderschulfähig, beschützende Lebensgemeinschaft im allgemeinen notwendig)
c) Idiotie (vollkommen bildungsunfähig, oft sprachunfähig, Pflegebedürftigkeit).

Die Kopffüßlerdarstellungen sind von ausgesprochen Debilen, insbesondere jedoch Imbezillen zu erwarten. Ebenso wie bei den retardierten Jugendlichen, bei denen jedoch eine weitere Entwicklung noch zu erwarten ist, sind diese Patienten auf einem bestimmten Entwicklungsniveau stehen geblieben, so daß es nicht verwundert, daß in einigen besonders gelagerten Fällen bei Zeichnungen das Kopffüßlerschema, das sonst für die Menschendarstellungen vierjähriger Kinder typisch ist, beibehalten wird.

Klinisches Beispiel: Karl L.

Karl L. wurde 1915 in Köln geboren. Von der Familie des Patienten heißt es, daß die Mutter sowie eine Schwester der Mutter erheblich minderbegabt gewesen seien. Der Bruder des Patienten befindet sich wegen

Abb. 7 Karl L. (Kugelschreiberzeichnung, DIN A 4, ca. 1979)

Abb. 8 Karl L. (Kugelschreiber- und Wachskreidezeichnung auf grauem Karton, 35 × 25 cm, ca. 1979)

einer erheblichen Minderbegabung sowie Neigung zu Gewalttätigkeiten und Eigentumsdelikten ebenfalls in einem Landeskrankenhaus. Ätiologisch ist entsprechend der oben dargestellten Einteilung von einem »unkomplizierten erblichen Schwachsinn« zu sprechen.

Mit 16 Jahren wurde Karl L. erstmalig in die Universitäts-Nervenklinik Köln aufgenommen. Die Mutter des Patienten berichtete damals, daß Karl nie in der Schule gewesen sei, sondern nur im Kindergarten. Auch dort habe man nichts mit ihm anfangen können. Später sei er bis zum 14. Lebensjahr in einem Heim gewesen, die letzten zwei Jahre habe er zu Hause verbracht. Dort jedoch sei er in letzter Zeit oft gewalttätig geworden und habe die Angehörigen mit dem Messer bedroht.

Im Untersuchungsbefund heißt es, daß Karl L. nicht orientiert gewesen sei. Er habe sich in der Zeit, seiner Lebensgeschichte und in der Situation nicht zurechtgefunden. Das Sprachverständnis sei erschwert, er begreife nicht, was er gefragt werde, wiederhole häufig nur den Schluß einer Frage. Affektiv wirke er kindisch euphorisch. Wenn er etwas gefragt werde, was ihm unangenehm sei, klage er über irgendwelche Schmerzen. Suggestiv sei er außerordentlich beeinflußbar, Behauptungen nehme er kritiklos hin; ein Anhalt für Wahnideen oder Sinnestäuschung habe sich nicht ergeben.

Bei unauffälligem neurologischen Befund wurde in diagnostischer Hinsicht von einer hochgradig, erblich bedingten intellektuellen Minderbegabung (Imbezillität) gesprochen.

Seit 1935 lebt Karl L. nun in der Rheinischen Landesklinik Bonn auf einer Station für geistig behinderte Patienten. Er beschäftigte sich gelegentlich in der Gärtnerei, eine Vermittlung in eine geregelte Arbeitsstelle war aufgrund des Intelligenzdefektes nicht möglich. Alle Angelegenheiten des täglichen Lebens müssen für den Patienten geregelt werden, allerdings fand er sich nach einiger Zeit in den Räumlichkeiten sowie im Gelände durchaus zurecht.

Von einer Beschäftigungstherapeutin erhielt Karl L. 1979/1980 Papier und Buntstifte sowie Kreide. Er hielt sich nur selten in der Beschäftigungstherapie auf, zeichnete jedoch häufiger spontan auf der Station, wo er ansonsten den ganzen Tag im Aufenthaltsraum saß, rauchte, Mitpatienten sowie dem Pflegepersonal gegenüber freundlich zugewendet war. Wie viele Zeichnungen entstanden sind, läßt sich nicht sagen, fast ausnahmslos scheinen sie außerhalb der Beschäftigungstherapie entstanden zu sein, da sie auf verschiedenen, in der Beschäftigungstherapie nicht gebräuchlichen Papieren gemalt und gezeichnet sind. Die Zeichnungen sind mit schwarzem Kugelschreiber angefertigt und gelegentlich mit Wachskreiden überarbeitet. Auf kleinen Papierkartons malte Karl L. Wachskreidebilder. Andere technische Verfahren hat Karl L., wohl weil sie ihm nicht angeboten wurden, nicht verwendet.

Auf allen Blättern finden sich eine oder mehrere Kopffüßlerdarstellungen. Andere Darstellungen erinnern an Bäume oder Früchte, manchmal auch Tiere, eine sichere Zuordnung ist jedoch nicht möglich. Von Karl L. selber sind Angaben hierzu nicht zu erhalten.

Bei allen Kopffüßlern setzen die Arme am zentralen Kopf-Leib-Gebilde an (vgl. hierzu Jake), das manchmal deutlich elongiert ist und sich dem bei den Kinderzeichnungen erwähnten »halslosen Wesen« nähert. *Das binnendiffuse massige Insgesamt von Haupt und Leib* ist bei diesen Kopffüßlern häufig angefüllt von mehreren Kreisen sowie bartähnlichen Strukturen (s. Abb. 7 u. 8).

Die Bilder strahlen eine eigentümliche Faszination aus, sie wirken sehr spontan, locker, ungekünstelt, manchmal auch beschwingt, insbesondere ist die enge Beziehung zu Kinderzeichnungen auffällig. Entsprechend seiner schwerwiegenden intellektuellen Minderbegabung, die auch in testpsychologischer Hinsicht der eines drei- bis vierjährigen Kindes entspricht, ist Karl L. auch zeichnerisch in diesem Entwicklungsstadium verblieben, sichere Unterscheidungskriterien dieser Zeichnungen von den Zeichnungen drei- bis vierjähriger Kinder bestehen nicht.

Kopffüßlerdarstellungen sind in dieser Patientengruppe keine Ausnahme, sondern häufig anzutreffen. Von den 18 Patienten einer Station für geistig Behinderte der Rheinischen Landesklinik Bonn, die wir baten, einen Menschen zu zeichnen, fertigten drei eine Kopffüßlerzeichnung an. Die zeichnerische Ausdrucksfähigkeit zweier weiterer Patienten reichte nicht aus, auch nur einen Kopffüßler zu zeichnen. Über vergleichbare Ergebnisse wurde von *I. Jakab* (1967) berichtet.

2.4 Darstellungen geriatrischer Patienten

Von den Oligophrenien der Herkunft nach zu unterscheiden sind die Demenzen, die erworbenen Schwachsinnszustände. Sie beruhen auf einer organischen Schädigung des Gehirns mit dadurch bedingter Minderung der Intelligenz, hinzu kommen meist auch Störungen des Antriebs, der Konzentrationsfähigkeit, der Affektivität und der Psychomotorik (sogenannte »organische Persönlichkeitsveränderung«).

Ebenso wie bei den Oligophrenen gibt es auch bei den Patienten mit einer Demenz Abstufungen in der Ausprägung des Intelligenzdefekts, in schweren Fällen ist auch hier eine stationäre Betreuung notwendig.

Ein symptomatologischer Unterschied zur Oligophrenie besteht insofern, als die Symptomatik einer Oligophrenie deutlich erkennen läßt, daß die Entwicklung der Intelligenzfunktionen bereits in frühester Kindheit, also das Erwerben von Wissen und damit auch die Differenzierung der Persönlichkeit von vornherein gestört gewesen sind, während bei der Demenz zumindest Reste der früheren Intelligenz, Teile des Wissens und Anzeichen einer höheren Differenzierung noch erhalten bleiben. Im allgemeinen zeichnen geriatrische Patienten kaum je spontan, Antriebs- und Konzentrationsschwäche wirken dem entgegen. Bei geduldiger Anleitung und Ermunterung sind sie jedoch oft dankbare Partner.

In der Literatur finden sich nur äußerst spärliche Angaben. *Fischer* und *Fischer* (1977) ließen zwölf Patienten im Alter von 63 bis 89 Jahren zeichnen und fanden zum Teil sehr weitgehende Abbauphänomene der graphischen Leistung. Ihre Diskussion der »künstlerischen Leistung« erscheint allerdings unangebracht angesichts dieser Zeichnungen infolge hirnorganischer Leistungsschwäche. Ein Symposium tagte 1980 unter dem weniger konfliktträchtigen Motto »Kreativität im Alter« (*Sprinkart* 1980).

Eigene Untersuchungen bei dieser Patientengruppe zeigten immer wieder, daß die Patienten bei einer Aufgabenstellung auf das Schreiben statt auf das Zeichnen ausweichen wollten. Dies hatte bereits *Suchenwirth* (1967) festgestellt: »*Nach unseren Erfahrungen erfolgt auch das Ausweichen beim Leistungsnachlaß auf die meist geübte Funktion hin; bei der graphischen Funktion bleibt fast bis zuletzt noch ein Rest von Schreibfähigkeit zurück – obwohl diese Funktion phylo- wie ontogenetisch die jüngste ist.*«

Formal ist darüber hinaus die Strichführung auffällig. Der zeichnerische Strich ist zum Teil äußerst unregelmäßig, »zittrig«, Linien werden nicht durchgezogen, sondern gestückelt, sie sind häufig nur mit wenig Druck gezeichnet (und entziehen sich damit leider oft einer Reproduktion).

Bei allen Darstellungsthemen fallen zum Teil erhebliche Auslassungen auf. Von einem Haus werden z. B. nur das Dach und ein senkrechter Strich

Abb. 9 Wilhelm D. (Bleistiftzeichnung, DIN A 4, 1979) Ausschnitt

der Hausmauerbegrenzung gezeichnet. Dieser *Gestaltzerfall* reicht schließlich bis hin zu einzelnen, beziehungslos nebeneinanderstehenden Strichen.

Das Ausmaß des Abbaus der graphischen Leistungsfähigkeit dürfte mit dem Ausmaß des hirnorganischen Abbausyndroms kongruent sein. Gezielte Untersuchungen hierüber existieren gegenwärtig jedoch nicht.

Bei Menschendarstellungen fallen Disharmonien erheblichen Ausmaßes auf bis hin zu Kopffüßlerdarstellungen. Diese unterscheiden sich – soweit dies bei dem zahlenmäßig geringen Bildmaterial zu sagen ist – von den Kopffüßlerdarstellungen der Kinder durch die bereits beschriebenen formalen Elemente (Strichführung). Es fehlt ihnen auch der Schwung und die Dynamik kindlicher Zeichnungen, meist sind sie auch kleiner als diese und es treten, wie in unserem Beispiel (s. unten), andere Elemente hinzu, die auf den ehemaligen Bildungs- und Wissensstand der Person verweisen.

Klinisches Beispiel: Wilhelm D.

Wilhelm D., ein pensionierter Beamter, war bei der Aufnahme in die Klinik 67 Jahre alt, war zuvor nie in stationärer psychiatrischer Behandlung gewesen.

Er war mit 62 Jahren infolge seiner zunehmenden Vergeßlichkeit, Konzentrations- und Antriebsschwäche vorzeitig pensioniert worden. In den folgenden Jahren hatten sich diese Symptome einer Demenz und organischen Persönlichkeitsveränderung erheblich verstärkt, auch im Affekt war er nun stark wechselnd, weinte häufig, war depressiv, dann wieder ausgesprochen heiter gestimmt, um kurze Zeit später, ohne erkennbaren äußeren Anlaß, sich sehr aggressiv zu zeigen. Da die Aggressivität stetig zunahm und sich auch in tätlichen Handlungen gegen die gleichaltrige Ehefrau entlud oder auch dazu führte, daß der Patient z. B. den Gashahn aufdrehte, um das Haus in die Luft zu sprengen, erfolgte die stationäre Aufnahme.

Der Patient war bei der stationären Aufnahme vollkommen desorientiert, dabei jedoch freundlich zugewendet und um eine Mitarbeit bemüht. Es bestanden hochgradige Konzentrations- und Merkfähigkeitsstörungen, der Patient wußte bereits nach wenigen Minuten nicht, wie und wann er ins Arztzimmer gekommen war, was er bereits berichtet hatte usw. Der psychopathologische Befund einschließlich der laborchemischen und apparativen Zusatzuntersuchungen (Elektroenzephalogramm, kraniales Computertomogramm) sprachen für ein »organisches Psychosyndrom bei Hirnarteriosklerose«.

Beim Aufnahmegespräch wurde der Patient gebeten, ein Haus, einen Baum und einen Menschen zu zeichnen. Er kam der Aufforderung bereitwillig nach, begann jedoch immer wieder zu schreiben statt zu zeichnen. Die hier gezeigte Abbildung (Abb. 9) entstand auf die Bitte hin, einen Menschen zu zeichnen. Die Darstellung entspricht am ehesten einem Kopffüßler.

Von der Betrachtung der fertigen Zeichnung her wie auch aus der Beobachtung während des Zeichnens erscheint es vollkommen unwahrscheinlich, daß der Patient einen Kopffüßler zeichnen wollte. Eher scheint es so zu sein, daß der Patient zu einem Zeitpunkt die Zeichnung als »fertig« erklärte, als er an den zunächst gezeichneten Kopf zwei senkrechte Striche angebracht hatte und damit der Eindruck eines Kopffüßlers entstand. Die Figur wies nun die Gestaltqualität auf, die zur Identifizierung des Gezeichneten als menschliche Figur notwendig ist (vgl. hierzu die »Aktualgenese« der Gestaltung).

2.5 Darstellungen bei Patienten mit reversiblen, körperlich begründbaren Psychosen

Unter dem Begriff der körperlich begründbaren Psychosen (Synonyme: symptomatische Psychose; exogene Psychose; Funktionspsychose usw.) werden akute psychotische Begleiterscheinungen faßbarer organischer Grunderkrankungen verstanden. Wir wollen hier nur zwei Beispiele herausgreifen; bei einer deliranten Patientin wie auch bei einem seit Jahren – und bei der stationären Aufnahme akut – Haschisch- und LSD-intoxizierten Patienten fanden wir Kopffüßlerzeichnungen. Mit großer Sicherheit ist zu vermuten, daß auch bei anderen Erkrankungen dieser nach ätiologischen Gesichtspunkten zusammengestellten Krankheitsgruppe Kopffüßlerdarstellungen zu finden sind. Es

kann darauf jedoch hier nicht näher eingegangen werden, da in der Literatur
wie auch im eigenen Bildmaterial hierfür keine Beispiele vorliegen. Allgemein sind – entsprechend der Schwere
der Erkrankung – graphische Abbau-
prozesse verschiedener Ausprägungs-
grade zu erwarten (vgl. dazu *Suchenwirth* 1967).

Klinisches Beispiel: Anni H.

Bei der 32jährigen Hausfrau Anni H. war
seit ca. zwei Jahren ein zumindest vermehr-
ter Alkoholkonsum bekannt. Sie kam im
September 1980 erstmalig in stationäre
psychiatrische Behandlung. Es bestand ein
deliranter Zustand mit lebhaften optischen
Halluzinationen, Desorientiertheit, psycho-
motorischer Unruhe sowie vegetativen Zeichen (vermehrtes Schwitzen, Handtremor).
Bei der stationären Aufnahme zeichnete
die Patientin den hier abgebildeten Kopffüßler (Abb. 10). Auch die übrigen Zeichnungen waren äußerst schlicht.

Das akute Delir klang in knapp zwei Tagen ab, nach Abklingen der deliranten Symptomatik zeigte sich die Patientin an einer
weiteren Behandlung nicht interessiert und
verließ einige Tage später die Klinik.

In den 50er und 60er Jahren bestand
großes wissenschaftliches Interesse an
den sogenannten *experimentellen Psychosen*, den durch Halluzinogene ausge-
lösten kurzfristigen – körperlich begründbaren – Psychosen (s. hierzu *Leuner* 1962). Es bestand die Hoffnung, nähere Aufschlüsse über die geheimnis-
vollsten Psychosen, die Gruppe der
Schizophrenien, zu erhalten. Letztlich
haben diese Untersuchungen – dies ist
rückblickend zu sagen – für die praktische Arbeit kaum wesentliche Ergebnisse erbracht. In unserem Themengebiet
interessieren jedoch die vielfältigen
Halluzinationen, speziell die Körper-
sowie die optischen Halluzinationen.
Die Körperhalluzinationen beziehen
sich häufig auf ein Vergrößern oder

Abb. 10 Anni H. (Bleistiftzeichnung, DIN A 4, 1979)
Ausschnitt

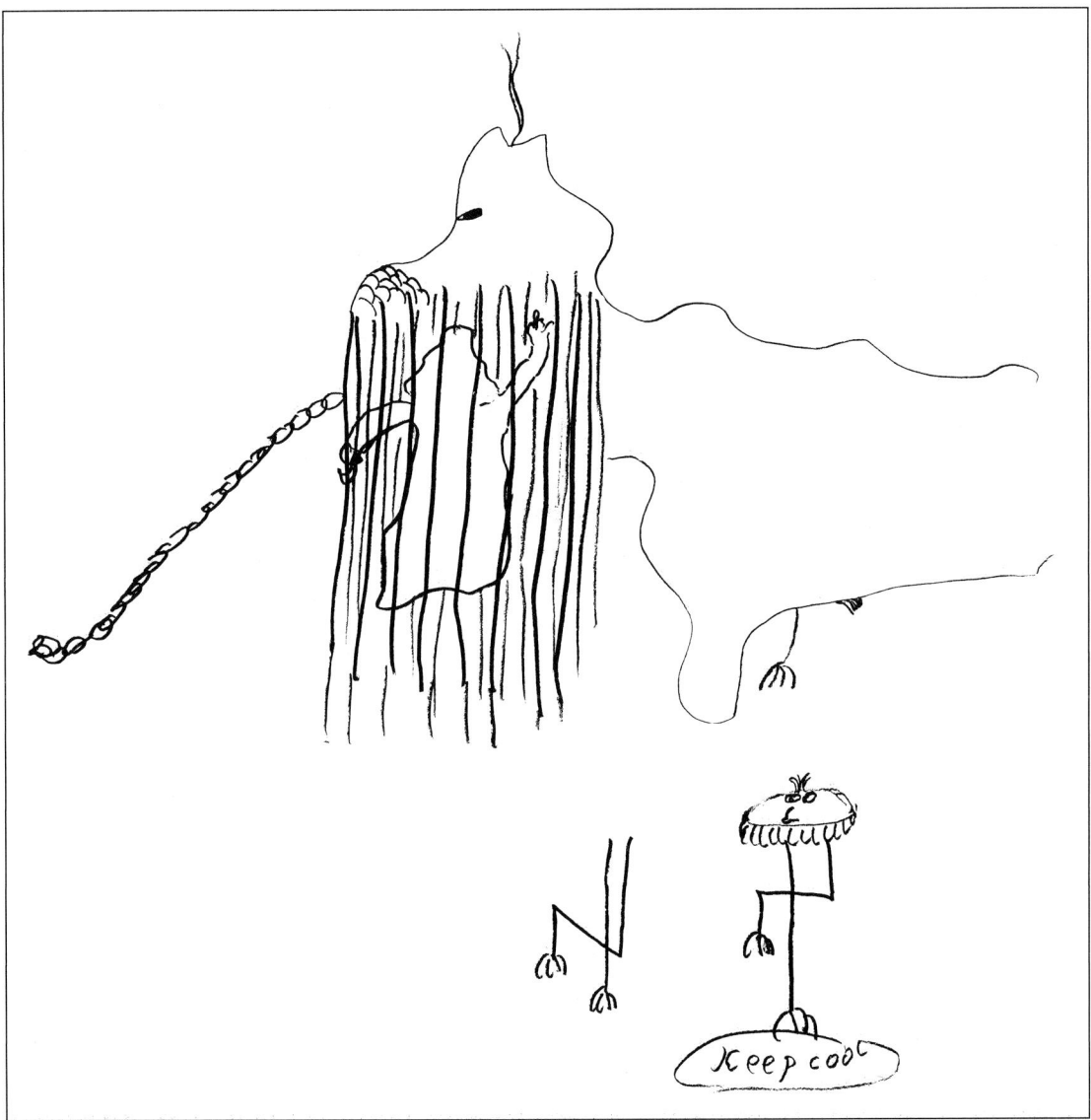

Abb. 11 Reiner L. (Bleistiftzeichnung, DIN A 4, ca. 1977/78) Ausschnitt

Verkleinern der Gliedmaßen, seltener auf den Stamm. Über eine für unser Thema bedeutsame Leibhalluzination unter Meskalin berichtete *Wagner* (1975): »Mitunter geht auch das Gefühl der körperlichen Einheit verloren. Die Versuchsperson berichtet, sie hätte das Gefühl, sie wäre nur Gesicht und der übrige Körper nicht mehr vorhanden, höchstens die Beine ganz winzig am Kinn.«

Klinisches Beispiel: Reiner L.

Reiner L. kam 1977 im Alter von 21 Jahren erstmals in stationäre psychiatrische Behandlung. Er war von Forstbeamten im Wald aufgegriffen worden. Er stand unter deutlicher Einwirkung von Halluzinogenen, bei seiner stationären Aufnahme gab er zur unmittelbaren Vorgeschichte an, daß er einen Freund habe besuchen wollen, er habe ihn jedoch nicht angetroffen. So habe er sich in das Zimmer seines Freundes gesetzt und einen Joint geraucht. Als er das Zimmer verlassen habe, sei ihm in der Ecke eine Waschmaschine aufgefallen, auf der zu lesen gewesen sei: »Nicht in die laufende Trommel greifen.« Dies habe er sich sehr zu Herzen genommen. Er habe dann alles geschehen lassen. Er sei mit seinem Auto ziellos in der Gegend herumgefahren, bis er einen Specht habe merkwürdig klopfen hören, worauf er sich gedacht habe, da könnte sein Bekannter zu finden sein. Er habe dann die Burg besichtigt und sei von Forstbeamten aufgegriffen worden.

Weiterhin berichtete er, seit seinem 18. Lebensjahr täglich ca. zwei bis drei Haschisch-Pfeifen zu rauchen, gelegentlich nähme er zusätzlich LSD, Heroin habe er nie probiert.

Nach Abklingen der Intoxikation zeigte sich der Patient gegenüber seinem Mißbrauch vollkommen unkritisch und lehnte jede Behandlung ab.

Von den Eltern des Patienten erhielten wir mehrere Zeichnungen, die er zu Hause in den letzten Wochen angefertigt hatte. Die Zeichnungen waren mit größter Wahrscheinlichkeit unter dem Einfluß von Haschisch und/oder LSD entstanden und bezogen sich sämtlich auf halluzinatorische Erlebnisse. Auf einer der Zeichnungen (Abb. 11) befindet sich im rechten unteren Quadranten eine Kopffüßlerfigur. Es handelt sich um ein Blumengesicht auf dünnen, flamingoartigen Beinen. Der Patient konnte zu dieser Figur keine näheren Angaben machen, war sich nicht sicher, eine ähnliche Figur vielleicht schon einmal als Abbildung gesehen zu haben.

Drei Jahre später kam der Patient erneut in stationäre psychiatrische Behandlung. Während seines Physikstudiums war er zunehmend auffälliger geworden. Zum Zeitpunkt der stationären Aufnahme bestand ein ausgeprägtes paranoides Syndrom mit Beeinflussungserlebnissen sowie erheblichen formalen Denkstörungen, so daß an einer Schizophrenie kein Zweifel bestand.

Malereien und Zeichnungen im Zusammenhang mit der Einnahme von Halluzinogenen erreichten in den 60er

Jahren eine große Popularität und wurden unter dem Schlagwort *Psychedelische Kunst* zusammengefaßt (s. dazu *Masters* u. *Houston* 1969). Viele Künstler erhofften sich von der Droge positive Einflüsse auf ihre kreative Leistungsfähigkeit. Dabei müssen jedoch verschiedene Unterscheidungen getroffen werden.

Das Zeichnen und Malen unter Halluzinogeneinfluß führt bei Laien gelegentlich zu originellen Leistungen, zu einer Steigerung der Expressivität, zu einem größeren Formen- und Farbenreichtum. Künstler hingegen, die sich eine ganz persönliche Handschrift, einen eigenen Stil erarbeitet haben, über geschulte handwerkliche Fähigkeiten verfügen, erleben die Droge – während des akuten Rauschzustands – eher als Störfaktor. Anders liegen die Verhältnisse bei künstlerischen Arbeiten im Anschluß an Rauschzustände, in Erinnerung an sie, wenn Künstler das im Rauschzustand Erlebte als Rohmaterial für ihre Gestaltungen verwenden. Hierbei kann es, eine künstlerische Leistungsfähigkeit vorausgesetzt, zu künstlerischen Gestaltungen von Wert kommen.

Diese Überlegungen zur experimentellen Psychose und zur psychedelischen Kunst leiten bereits über zu dem umfassendsten Teilgebiet unseres Themas, zur Bildnerei schizophrener Patienten.

2.6 Darstellungen schizophrener Patienten

2.6.1 Anmerkungen zur Symptomatologie und Ätiologie der Schizophrenien

Emil Kraepelin faßte 1896 eine Reihe von Psychosen entsprechend ihrem progredienten Verlauf als dem entscheidenden Merkmal zu einer nosologischen Einheit zusammen, zur *Dementia praecox.* Da jedoch durchaus nicht alle derartig klassifizierten Erkrankungen in eine »vorzeitige Verblödung« einmünden, zudem die elementarsten Störungen dieser Krankheitsgruppe eher in einer »mangelhaften Einheit, in einer Zersplitterung und Aufspaltung des Denkens, Fühlens und Wollens und des subjektiven Gefühls der Persönlichkeit zu liegen« schienen, schlug *Emil Bleuler* 1911 den Begriff »*Gruppe der Schizophrenien*« (»*Spaltungsirresein*«) vor. *Bleuler* verwies in seinem neuen Begriff darauf, daß es sich um eine Gruppe von Erkrankungen handle, nicht um eine einzelne, klar abgrenzbare Krankheitseinheit.

Die Schizophrenien haben in der weiteren Entwicklung der psychiatrischen Forschungen und Lehrmeinungen ihr Geheimnis nicht preisgegeben. Weltweit besteht weder Einigkeit darüber, »was eine Schizophrenie ist, es besteht nicht einmal volle Einigkeit darüber, was wir eine Schizophrenie heißen« (*Kurt Schneider* 1971).

Im deutschsprachigen Raum hat die von *Kurt Schneider* beschriebene Symptomatologie der Schizophrenie mit Einteilung der Symptome in solche *ersten Ranges* (z. B. akustische Halluzination in Form von kommentierenden Stimmen sowie Rede und Gegenrede; Wahnwahrnehmungen; Störungen des Ich-Erlebnisses in Form von Gedankeneingebungen, Gedankenentzug usw.) und *zweiten Ranges* (z. B. optische Halluzinationen; Körpergefühlstörungen; Wahneinfälle usw.) besondere Verbreitung und Anerkennung gefunden. Die Diagnose einer Schizophrenie wird häufig aufgrund einer Feststellung der Symptome ersten und/oder zweiten Ranges gestellt, andere Psychiater fordern eine Einbeziehung von *Verlaufskriterien*

für die Diagnosestellung. Neben diesem wie anderen Versuchen einer prägnanten Beschreibung der Symptomatologie stehen die Überlegungen und Forschungen zur *Ätiologie dieser Erkrankungsgruppe.*

Die Beteiligung von Erbfaktoren an der Schizophrenieentstehung kann aufgrund der Familien-, Zwillings- und Adoptionsstudien als erwiesen gelten. Es konnte jedoch weder ein dominanter noch einfacher rezessiver Erbgang aufgedeckt werden; es ist anzunehmen, daß viele Genpaare einen verhältnismäßig gleichen Anteil haben.

Der Amerikaner *Kety* (1977) kommentierte die Versuche der »Antipsychiatrie«, die Schizophrenie als Krankheit in Frage zu stellen und als nicht existent zu erklären, folgendermaßen: »Wenn die Schizophrenie ein Märchen ist, so ist sie jedenfalls ein Märchen mit einer starken genetischen Komponente!«

Die Zwillingsforschung, insbesondere bei eineiigen Zwillingen, zeigt aber auch, daß genetische Faktoren nicht allein verantwortlich zu machen sind; in keiner Untersuchung erreicht die Konkordanzrate auch nur annähernd 100 %. Individuelle, soziale und kulturelle Faktoren sind für das Zustandekommen einer manifesten Schizophrenie stets zu beachten. Die gesamte, sehr vielgestaltige Krankheitsgruppe kann dabei am ehesten als zwischen zwei Polen stehend beschrieben werden. An einem Ende eines gleitenden Kontinuums nehmen wir diejenigen schizophrenen Pychosen an, bei denen situative Belastungen, gestörte Kindheitsentwicklung usw. allem Anschein nach nicht von Bedeutung sind; eine derartige Psychose kann über einen Menschen »aus heiterem Himmel« hereinbrechen. Am anderen Ende stünden dann die rein psychogen entstandenen Schizophrenien (infolge früher Ich-Störungen), die »borderline«-Fälle stellen dann bereits den unscharfen Übergang zu den Neurosen dar.

Zwischen diesen beiden Extremvarianten wären dann all diejenigen schizophrenen Erkrankungen anzusiedeln, bei denen sich ein endogener, ererbter Anteil unter entwicklungsmäßigen und aktuellen Bedingungen vom Genotypischen (Erbbild) ins Phänotypische (Erscheinungsbild) ausprägt.

M. Bleuler nimmt an, daß der jeweilige Auslösefaktor zur individuellen Konstitution des zukünftigen Kranken passen müsse wie der Schlüssel ins Schloß. Dem ist nach dem gegenwärtigen Stand der Forschung – bei aller gebotenen wissenschaftlichen Vorsicht – wohl am ehesten zuzustimmen. Dabei bleibt sowohl vollkommen offen, welcher Art der Erbgang ist (am ehesten ist eine polygene Vererbung anzunehmen) wie auch, wie die psychischen Faktoren, die mit den genetischen in eine Wechselbeziehung treten, gestaltet sein müssen. Es kann nicht häufig genug darauf verwiesen werden, daß selbstverständlich keine »spezifisch auslösenden Situationen« zu finden sein werden. Stets ist im Einzelfall zu prüfen, welches Ereignis zu welchem Zeitpunkt die psychische Bewältigungskapazität eines bestimmten Menschen mit seiner prämorbiden Persönlichkeitsstruktur und seiner momentanen Reaktionslage überforderte. So ist es ganz bezeichnend, daß in der sogenannten »Bonn-Studie« (*Huber, Groß, Schüttler* 1973) zwar bei 25 % eine psychisch-reaktive Auslösung der psychotischen (schizophrenen) Erstmanifestationen, sogar bei 29 % von psychotischen Remanifestationen gefunden wurden, aber eben keine spezifischen – für die Schizophrenie typischen – Auslösesituationen festzustellen waren.

Bereits *Eugen Bleuler* hatte vermutet, daß die dramatischen produktiven Symptome wie Wahnvorstellungen und bizarre Verhaltensweisen, nicht das Wesentliche der Schizophrenie darstellen, sondern einen reaktiven Überbau der Persönlichkeit auf andere, weniger auffällige Störungen wie Denkstörung, Veränderung des Affekts und gestörtes Ich-Bewußtsein sind. Beobachtungen der transkulturellen Psychiatrie wie ein gewisser Symptomwandel während der letzten Jahrzehnte weisen in die gleiche Richtung. In der Ausarbeitung des Konzepts der »Basisstörungen« (*Süllwold* 1977) haben diese Gedankengänge in den letzten Jahren eine weitere gut fundierte Stütze erhalten.

2.6.2 Historischer Überblick zur Bildnerei schizophrener Patienten

Die Zeichnungen, Gemälde und Plastiken schizophrener Patienten fanden in der Psychiatrie bis Ende des vorigen Jahrhunderts kaum Beachtung und galten mehr oder weniger als bloße Curiosa. Einer breiteren Öffentlichkeit wurden diese Arbeiten erst durch *Hans Prinzhorn* (1922) bekannt, jedoch sind wesentliche Arbeiten auch schon vor *Prinzhorn* erschienen. Im folgenden soll versucht werden, aus der unübersehbar großen Zahl inzwischen vorliegender Veröffentlichungen einige wesentlich erscheinende herauszuheben und entsprechend ihren Ansätzen bei der Erarbeitung eines theoretischen Verständnisses zusammenzufassen.

2.6.2.1 Diagnostische Ansätze

Im Rahmen seiner gerichtsmedizinischen Studie (»Etude médicolégale sur la folie«) bildete *Auguste Ambroise Tardieu* im Jahre 1872 u. a. auch die Zeichnung eines Geisteskranken ab. Es müssen ihm, wie aus seinen Beschreibungen hervorgeht, eine größere Anzahl von Arbeiten vorgelegen haben, die in seiner Studie publizierte gehörte dazu. Sie gilt gemeinhin als erste veröffentlichte Zeichnung, die mit Sicherheit von einem Schizophrenen stammt. In der diagnostischen Zuordnung besteht Sicherheit, weil zusätzlich zum Bild der Kommentar des Zeichners mitgeteilt wird. Dieser stellt eine eindrucksvolle und im diagnostischen Sinne aufschlußreiche Ergänzung zur Zeichnung dar.

Es muß jedoch auf eine noch frühere, 1810 erschienene kasuistische Arbeit des englischen Psychiaters *J. Haslam* verwiesen werden, der den von seinem an einer Schizophrenie leidenden Patienten gezeichneten »Verfolgungsapparat« abbildete. Bei dieser Veröffentlichung, die zum Teil den Charakter einer Rechtfertigungsschrift trägt, sind jedoch andere Gesichtspunkte als die bei unserem Thema zu diskutierenden maßgebend.

Die beschreibende und diagnostizierende Ansichtsweise, von *Tardieu* erstmalig ansatzweise aufgegriffen, wurde 1876 von *P. Max Simon* in seiner Schrift »L'imagination dans la folie« fortgeführt. *Simon* ließ sich insbesondere vom Inhalt der Bilder leiten, die er übrigens seiner Arbeit als Abbildung nicht beigab. Sein erklärtes Ziel war es, Beziehungen zwischen dem Krankheitsbild und den Produktionen der Kranken aufzuzeigen; dementsprechend sieht *Simon* in den von ihm bearbeiteten Materialien in erster Linie das Krankhafte.

Eingehend (und für die Nachwelt eindrücklich) hat sich *Caesare Lombroso* mit den Problemen der Genialität, gerade auch der künstlerischen Genialität, und dem »Irresein« beschäftigt. Seine Überlegungen fanden ihren Niederschlag 1864 in dem Werk »Genio e follia« sowie im Jahre 1894 im »Genio e degenerazione«; der Titel des ersten

Buches wurde in Deutschland bald zu einem Schlagwort. Mit einer Vielzahl von Einzelbeispielen versuchte *Lombroso* seine Thesen zu belegen, daß ein Degenerationsprozeß die Grundlage der Genialität sei und daß zwischen Psychose und Genialität eine enge Beziehung bestünde. So schreibt er z. B.: »Ich habe an vielen Beispielen aus Irrenanstalten gezeigt, daß in diesen Produkten Irrer sich manche charakteristische Züge der Genialität wiederfinden und daß es Fälle hervorragender Leistung gibt, in denen sich kaum entscheiden läßt, was das Wesentliche und Primäre ist, der geniale Anflug oder die Psychose.« Heute besteht längst Einigkeit darüber, daß *Lombroso* aus fragwürdigen Einzelbeispielen nicht haltbare Verallgemeinerungen gemacht hat. Immerhin konnte *Prinzhorn* noch Jahrzehnte später die Feststellung treffen, »daß bis heute das Grenzgebiet zwischen Psychiatrie und Kunst noch unter der Nachwirkung des Schlagwortes ›Genie und Irrsinn‹ steht«.

Der deutsche Psychiater *Fritz Mohr* hat 1906 in seiner Veröffentlichung »Über Zeichnungen von Geisteskranken und ihre diagnostische Verwertbarkeit« die diagnostischen Möglichkeiten und Probleme wieder ganz in den Vordergrund gerückt. *Mohr* war deutlich naturwissenschaftlich ausgerichtet und ging davon aus, daß eine Zeichnung wie ein klinisches Krankheitssymptom untersucht und beschrieben werden könne. Es erschien ihm als ein Glücksfall, daß dem Psychiater, der gezwungen ist, bei seinen Patienten die Symptome mühsam aus ihrem Verhalten und ihren sprachlichen Äußerungen herauszulesen, mit den Zeichnungen ein objektiv analysierbares Dokument an die Hand gegeben war. Die diagnostischen Möglichkeiten wurden allerdings von *Mohr* erheblich überschätzt und die Aspekte der Kreativität oder gar Kunst lediglich negativ bewertet: »Irgend etwas Produktives wird man nicht finden.«

Einen vorläufigen Abschluß hat die Beschäftigung mit diagnostischen Kriterien sowohl 1962 in dem Merkmalskatalog von *Rennert* gefunden wie auch 1967/1969 in den Arbeiten von *Suchenwirth*. *Rennert* listet in seinem Buch »Die Merkmale schizophrener Bildnerei« 34 formale und 54 inhaltliche Kriterien auf. Er gibt eine systematische, leicht überschaubare Phänomenologie schizophrener Bildnerei, die wiederum eine Beschreibung der Bilder Schizophrener erleichtert und in ihrer vorurteilsfreien, rein beschreibenden Art bis heute ein gut zu handhabendes Instrument geblieben ist. Es ist jedoch darauf hinzuweisen, daß auch diese wie jede andere Auflistung von Merkmalen, wie *Maran* 1970 nachwies, nicht geeignet ist, vom Bild mit Sicherheit auf den Urheber zurückzuschließen. Lediglich eine Häufung der genannten Merkmale kann gegebenenfalls den Verdacht erwecken, es handle sich um das Werk eines Schizophrenen. Die jahrzehntelange Suche nach krankheitsspezifischen, pathognomonischen Merkmalen hat letztlich zu einem negativen Ergebnis geführt.

Dies gilt auch unbeschadet der Mitteilung *Suchenwirths*, daß er »Disharmonien erheblichen Ausmaßes« ausschließlich bei Schizophrenen fand; sie sind uns aus der sogenannten modernen Kunst geläufig. Häufiger als bei anderen Patientengruppen, jedoch nicht signifikant häufiger, fand *Suchenwirth* Disharmonien geringeren Grades, Vergröberungen mittleren und erheblicheren Ausmaßes sowie einen Verlust der Dynamik in den Zeichnungen. Diese Ergebnisse zeigen anschaulich, daß eine differenzierte Erfassung des Gesamtgebietes »Bildnerei der Schizophrenen« allein nach formalen Gesichtspunkten

und mit statistischen Mitteln nicht möglich ist. Darüber hinaus verweist m. E. *Suchenwirths* Begriff »Abbau der graphischen Leistung« zu einseitig auf den Gesichtspunkt des Leistungsdefizits; Aspekte kreativen Gestaltens, auf die im folgenden einzugehen sein wird, werden nicht genügend gewürdigt.

2.6.2.2 Der Gesichtspunkt des Schöpferischen

Mit *Marcel Réja* beginnt, parallel zu der bisher geschilderten, eine gänzlich andere Entwicklung in der Betrachtungsweise der Bildnerei Schizophrener. *Réja* distanzierte sich in seinem 1907 erschienenen Buch »L'art chez les fous« von vornherein von abschätzigen Beurteilungen, und er ist wohl der erste, der im Zusammenhang mit der Bildnerei Geisteskranker, wenn auch mit Vorbehalt, so aber doch von Kunst spricht. *Réja* vertritt die Ansicht, daß die Geisteskrankheit in gewissen Fällen den Durchbruch schöpferischer Fähigkeit begünstige: »Von der Krankheit gepeitscht, erhebt sich das Subjekt eine Weile über sich selbst, um dann geheilt in seine banale Durchschnittlichkeit zurückzufallen.« Vieles von dem, was *Réja* schreibt, mutet ausgesprochen »modern« an und wurde oft erst nach Jahrzehnten erneut aufgegriffen.

Im Jahre 1921 hat *Walter Morgenthaler* in seiner Arbeit »Ein Geisteskranker als Künstler« auf *Adolf Wölfli* hingewiesen und den Arbeiten dieses chronisch Schizophrenen unzweifelhaften Kunstcharakter zugebilligt. Er gesteht *Wölfli* zu, zutiefst Menschliches künstlerisch formulieren zu können. *Morgenthaler* ist folgerichtig dann auch der erste, der einen bildnerisch tätigen Patienten mit vollem Namen, mit Einverständnis des Patienten, vorstellt.

Das wesentlichste und zu seiner Zeit

umfangreichste Werk, verfaßt von dem Heidelberger Kunsthistoriker und Psychiater *Hans Prinzhorn*, erschien ein Jahr später unter dem Titel »Bildnerei der Geisteskranken«. *Prinzhorn* geht es nicht um psychologische lebensgeschichtliche Erklärungen, psychoanalytische Gesichtspunkte werden von ihm sogar bewußt ausgeklammert, sondern auf dem Boden der Psychologie von *Ludwig Klages* um eine »Wesensschau«.

Diagnostische Zuordnungen interessierten *Prinzhorn* nur am Rande, sein Interesse galt in erster Linie und fast ausschließlich den Bildwerken selbst. So ist es auch nicht verwunderlich, daß im heutigen *Prinzhorn*-Archiv der Psychiatrischen Klinik Heidelberg nur sehr spärliche Aufzeichnungen zu den Krankengeschichten der Patienten erhalten sind. Von den meisten Patienten sind sogar nur die Vornamen und Anfangsbuchstaben der jeweiligen Nachnamen bekannt. Diese vielleicht nebensächlich erscheinende Gegebenheit wirft ein bezeichnendes Licht auf den *Prinzhorn*schen Denkansatz; am Lebenslauf und an den Krankengeschichten die Ursachen für die bildnerische Gestaltung aufzeigen zu können, hielt er für eine Fiktion und frommen Trug. Heute stellt sich diese Auffassung eher als Hindernis für eine weitere wissenschaftliche Aufarbeitung der Sammlung heraus.

Der Gesichtspunkt des von *Prinzhorn* schon angesprochenen »allgemeinen menschlichen Gestaltungsdranges«, der letztlich eine Unterscheidung von krank und gesund in den Bildern gar nicht zulasse, gewann seit *Réja, Morgenthaler* und *Prinzhorn* zunehmend an Bedeutung. Der österreichische Psychiater *Leo Navratil* (1965, 1974) hat dies schließlich besonders in den sogenannten »drei kreativen Grundfunktionen

des Menschen« hervorgehoben. Wenn wir im folgenden die Gedankengänge *Navratils* skizzieren, so einerseits deshalb, weil sie eine große Verbreitung gefunden haben und andererseits, weil eine kritische Betrachtung dieser Gedankengänge dringend geboten erscheint.

Navratil nennt als kreative Grundfunktionen:

1. Physiognomisierung (als ein Verleihen von Ausdruck),
2. Formalismus (als Geben von Form),
3. Symbolismus (als Finden neuer Deutungen und Bedeutungsträger).

Bei diesen drei Gestaltungstendenzen handelt es sich, so führt *Navratil* weiter aus, nicht nur um die »kreativen Grundfunktionen der Schizophrenen«, sondern um die kreativen Grundfunktionen des Menschen schlechthin: »Nach unserer Ansicht ist die psychische Dynamik des Schöpferischen bei Gesunden und Kranken gleich. Völlig gewollt und absichtlich ist auch beim Gesunden nur die mehr oder weniger gekonnte Imitation der von anderen erfundenen Gestaltungen. Das ist aber nicht echtes künstlerisches Schaffen. Andererseits fehlt auch der bildnerischen Tätigkeit der Schizophrenen nicht jede bewußte Kontrolle.«

Die drei kreativen Grundfunktionen haben nach *Navratils* Ansicht eine »Deformation« zur notwendigen Voraussetzung. Deformation ist für *Navratil* identisch mit dem Abweichen vom geläufigen Muster, denn schöpferische Arbeit setze die Verwerfung scharf umrissener rationaler Denk- und Imaginationsweisen voraus. Diese Deformierungen seien also nicht zu verwechseln mit Zerstörungen. *Navratil* weist auch darauf hin, daß die Deformierungen beim Psychotiker unbewußt geschähen; sie seien keine gewollten Abänderungen der Realität, es seien Darstellungen einer inneren, erlebten Realität.

Diese beschreibenden Ausführungen *Navratils* geben keinen genügenden Einblick in die Dynamik des schöpferischen Prozesses, sie erlauben auch keine Differenzierungen zwischen den Bildnereien der Kinder, der Primitiven, der Künstler und der Schizophrenen. In der Tat ist es auch *Navratils* Hauptanliegen, das Gemeinsame im Kreativen herauszustellen. Dabei kommt es in *Navratils* theoretischen Anschauungen jedoch zu einer Nivellierung aller – zweifellos grundlegenden – Unterschiede, sein Denkansatz erweist sich letztlich nicht als fruchtbar, sondern macht statt dessen eine differenzierte Betrachtung der Bildnerei schizophrener Patienten unmöglich. Hierauf wird bei der Besprechung der Psychodynamik kreativer Prozesse – unter besonderer Hervorhebung des ich-psychologischen Ansatzes – einzugehen sein.

Das Herausstellen des Gemeinsamen und die entschiedene Relativierung der Unterschiede machte der französische Künstler *Jean Dubuffet* ab Mitte der 40er Jahre zu seinem künstlerischen Programm. Es ist ein Plädoyer für die Echtheit des manchmal durchaus unkünstlerischen, immer jedoch direkten und unverfälschten Ausdrucks. *Dubuffet* nimmt unzweideutig, wenn auch von seiner ganz persönlichen Warte als Künstler und nicht als Wissenschaftler, Partei für die Randbereiche des Schöpferischen, die jenseits unserer ästhetischen Wertskala liegen: Für die Arbeiten der Kinder, der Geisteskranken, der ungeübten Autodidakten. Die sogenannten »Sonntagsmaler« und »Naiven«, die es trotz ihrer Ungeübtheit den professionellen Künstlern gleichtun wollen, finden keine Aufnahme unter dem Begriff der »Art brut«. *Dubuffet* wendet sich gegen die gängigen Begriffe

»psychopathologische Kunst« (*Volmat* 1956) oder »schizophrene Kunst« *(Jaspers)*; er verweist statt dessen darauf, daß die Funktion der Kunst in allen Fällen dieselbe sei und daß es ebensowenig eine Kunst der Verrückten wie der Darm- und Meniskuskranken gebe.

Es kann *Dubuffet* – als einem Künstler – nicht vorgeworfen werden, daß er Möglichkeiten zur Unterscheidung zwischen einzelnen Kunstformen außer acht lasse. Dies ist sein künstlerisches Konzept und als solches selbst durchaus als ein kreativer Ansatz für eigene künstlerische Arbeiten zu werten. *Dubuffets* künstlerisches Gesamtwerk legt davon ein beredtes Zeugnis ab. Für eine differenzierte Betrachtung der Bildnerei Schizophrener eignet sich jedoch *Dubuffets* theoretischer Ansatz ebensowenig wie der *Navratils*.

2.6.2.3 Originalität als eines der Merkmale der Kreativität

Da der von *Navratil* vorgeschlagene und häufig zitierte Ansatz das Gemeinsame, nicht aber die Unterschiede aufzuzeigen vermag, erscheint es angebracht, andere Vorstellungen und Hypothesen zu prüfen. Wir wollen deshalb zunächst den erst in den 50er Jahren zunehmend häufiger gebrauchten Begriff der *Kreativität*, der in der älteren Literatur zu unserem Thema gar nicht auftaucht, auf den Begriff der *Originalität* reduzieren. Das Verhältnis beider Begriffe zueinander scheint einer Klärung wert.

Karl Birnbaum verwies in seiner 1924 erschienenen Arbeit »Grundzüge der Kulturpsychopathologie« auf die *Originalität des Psychotischen*, die ohne weiteres mit dem Pathologischen und durch dieses gegeben sei. Die kulturelle Bedeutung dieser Originalität sei erst einmal ganz allgemein in der »geistigen

Neuartigkeit« gelegen. Er läßt zunächst offen, ob es sich hierbei um die Folge eines Defekts oder einer Leistung handle. Gerade auf das Problem des Leistungsdefekts hat bereits 1922 *Karl Jaspers* aufmerksam gemacht in seiner Schrift zu »*Strindberg* und *van Gogh*«; er wurde hierdurch zu der zentralen Frage geführt, ob der krankhafte Vorgang nur zerstörend wirke oder teilhabe am positiven Schaffen. Diese relativ kleine Schrift des berühmten Psychiaters und Philosophen ist auch heute noch lesenswert, wenngleich seine Schizophreniediagnose *van Goghs* wohl eine Fehldiagnose sein dürfte (vgl. hierzu *Putscher* 1980, *Weitbrecht* 1962).

Die Darstellung der Entwicklungen zum theoretischen Verständnis der Bildnerei Geisteskranker führt letztlich zu der Frage nach dem *Verhältnis von gesunden und krankhaften Anteilen im Schaffen Schizophrener*. Diese Frage steht im Spannungsfeld zwischen der Ansicht, daß die Bildnerei Schizophrener keinerlei künstlerisch-kreativen Gehalt habe, einerseits (z. B. *Simon*: »Irgend etwas Produktives wird man nicht finden«), und der Hervorhebung der Identität der kreativen Prozesse von Gesunden und an einer Schizophrenie Erkrankten andererseits (s. *Navratil* 1965, 1974, *Dubuffet* 1949). Das allgemeine Interesse hat sich im Laufe der letzten 20 Jahre zweifellos mehr den Überlegungen zur Differenzierung der kreativen Prozesse zugeneigt. Originalität wurde dabei leicht als das sichere Ergebnis kreativer Leistung mißverstanden. Originalität, Andersartigkeit ist jedoch nur eines von mehreren Merkmalen kreativen Denkens und Handelns (neben der Flüssigkeit der Ideen, der Flexibilität, der Neudefinierungsfähigkeit und der Problemsensibilität) und kann vollkommen verschiedener Herkunft sein.

Erst eine Betrachtung der Psychodynamik kreativer Prozesse unter besonderer Beachtung ich-psychologischer Ansätze eröffnet die Möglichkeit, Gemeinsamkeiten sowie Unterschiede im kreativen Prozeß schizophrener und gesunder Personen herauszustellen.

2.6.3 Die Psychodynamik kreativer Prozesse

Das unserem bewußten Denken so Entgegengesetzte, so Andersartige, oft so »Originelle«, führt uns zu einem in der Psychoanalyse geläufigen Begriff, zum *Primärvorgang*, auch *Primärprozeß* genannt (*Freud* 1900). Hierunter verstehen wir die ursprüngliche, primäre Funktionsweise des »psychischen Apparates« und fernerhin die bleibende Funktionsweise des Unbewußten auch im Erwachsenenalter. Die Charakteristika dieses Primärvorgangs sind insbesondere das Denken in Bildern, der Verlust des Zeit- und Raumgefühls, die Abwesenheit von Negationen sowie der einschränkenden, abwägenden Konjunktionen. Gegensätze stehen oft stellvertretend füreinander. Die typischen Arbeitsweisen sind die Verschiebung und die Verdichtung. Unter Verschiebung verstehen wir die Ersetzung einer Idee oder Vorstellung durch eine andere, die assoziativ mit ihr verknüpft ist. Unter Verdichtung verstehen wir die Darstellung mehrerer Ideen und Vorstellungen durch eine einzige.

Diese Funktions- bzw. Arbeitsweise des Primärvorgangs, die der Traum besonders deutlich macht, ist also nicht, wie die klassische Psychologie behauptete, durch das Fehlen einer Bedeutung, sondern durch deren unaufhörliches Gleiten charakterisiert. Vergleichbar erscheint dies vom Chaos zu unterscheidende Primärprozeßhafte in der Psychologie am ehesten *Sanders*

Begriffen *Vorgestalt* und *Vorgestaltung*. Ein »Verstehen« dieser im Seelischen ablaufenden Vorgänge und der sich daraus gestaltenden Produkte ist sicherlich oft äußerst schwierig, wenn nicht häufig sogar unmöglich. Es gilt jedoch stets auf der Hut zu sein vor einem vorschnellen »Erklären« der Äußerungen eines Menschen als nicht verstehbare Folgen hirnorganischer Substratänderungen (s. dazu *Pauleikhoff* 1974, *Weitbrecht*, 1962).

Wir benötigen zum Verständnis kreativer Gestaltungen jedoch noch einen zweiten Begriff. Diese andere Funktionsweise des psychischen Apparates wurde *Sekundärvorgang* oder auch *Sekundärprozeß* genannt und umfaßt als Funktionsweise gemäß *Freuds* topischer Anschauung des psychischen Apparats die Begriffe »vorbewußt« und »bewußt«. Als Sekundärvorgang werden Funktionen beschrieben, die in der klassischen Psychologie als das wache Denken, die Aufmerksamkeit, die Entscheidungsfähigkeit, Urteilsvermögen und kontrollierte Handlungen bekannt sind. Das sekundärprozeßhafte Denken ermöglicht erst ein folgerichtiges, realitätsgerechtes, »aristotelisches« Denken. *Gegenüber dem Primärvorgang erfüllt der Sekundärvorgang eine regulierende Funktion,* er ist entsprechend der Vorstellung von der Struktur des psychischen Apparates dem Ich zuzurechnen.

Der Begriff »Ich« (lediglich ein theoretisches, wenngleich auch hilfreiches Konstrukt!) steht in *Freuds* Strukturhypothese des »psychischen Apparates« zwischen dem »Es« (dem Unbewußten, den Trieben) einerseits und dem »Über-Ich« (dem Gewissen, den idealen Strebungen) andererseits. Zudem ist das Ich als derjenige Teil der Person definiert, der mit der Umwelt, der Realität in Kontakt tritt; es hat im wesentlichen also eine Vermittlerrolle zwischen den genannten Instanzen, eine, wie *Nunberg*

(1930) hervorhebt, *synthetische Funktion*.

Das Ich wird heute nicht mehr als eine einheitliche Struktur betrachtet, sondern als aus Substrukturen zusammengesetzt, die sich, aus ererbten Anlagen heraus, im Laufe der Kindheit und des gesamten späteren Lebens ausdifferenzieren.

Aus Ich-psychologischer Sicht sind Neurosen dadurch charakterisiert, daß eine funktionelle Ich-Störung vorliegt, das Ich seiner Aufgabe einer Vermittlung zwischen den Instanzen nicht optimal gerecht geworden ist; Psychosen hingegen werden als Erkrankungen des Ichs selbst angesehen (*Federn* 1956).

Wenn wir nach diesem theoretischen Exkurs uns wieder den Arbeiten über die »Bildnerei der Geisteskranken« zuwenden, so finden wir die oben skizzierten Vorstellungen durchaus wieder. *Marcel Réja* verwendet zwar ebenso wie *Hans Prinzhorn* nicht die Begriffe Primär- und Sekundärvorgang, beide aber beschreiben letztlich das Wechselspiel von ungestaltetem, eigentümlichem Material und seine verschieden ausgeprägte Gestaltung. So schreibt z. B. *Prinzhorn*: »Sollen wir den Angelpunkt unserer Betrachtungsweise noch näher bezeichnen, so erinnern wir an *Tolstois* Auffassung der Kunst, der es entsprechen würde, wenn wir hinter der ästhetisch und kulturell zu bewertenden Schale des Gestaltungsvorganges *(wir könnten sagen: Sekundärvorganges)* einen allgemein menschlichen Kernvorgang *(wir könnten sagen: Primärvorgang)* annehmen. Der wäre in seinem Wesen der gleiche in der souveränsten Zeichnung *Rembrandts* und in dem kläglichsten Gesudel eines Paralytikers: Ausdruck von Seelischem« (1922).

Als einer der ersten hat *Ernst Kris* (1952/1977) auf die Bedeutung von Primär- und Sekundärprozeß in der Dynamik schöpferischer Prozesse aufmerksam gemacht, später wurde dies sehr ausführlich von *Anton Ehrenzweig* (1974) aufgegriffen. *Ehrenzweig* weist im Gegensatz zu anderen Autoren mit allem Nachdruck darauf hin, daß der Primärvorgang nicht etwa nur chaotische Phantasien erzeuge, die durch den Sekundärvorgang des Ichs geordnet und geformt werden müssen, wie es gemeinhin angenommen wird. Er sieht im Primärvorgang ein Präzisionsinstrument für ein schöpferisches Prüfen, *eine vom Chaos zu unterscheidende Undifferenziertheit,* die für schöpferische Arbeiten die Matrix abgebe. Der Sekundärprozeß der Bearbeitung transformiere diese »Substruktur« (!) dann in eine leichter erkennbare, annehmbare, allgemein verständlichere Gestalt. Diese Vorstellungen *Ehrenzweigs,* die hier in ihrer ganzen Komplexität auch nicht annäherungsweise dargestellt werden können, sind leider von anderen Autoren kaum aufgegriffen worden. Aus der Sicht der Ganzheitspsychologie haben allerdings *Sander* (1967) und *Conrad* (1948, 1959) »aktualgenetische« Vorstellungen entwickelt (vom Gestaltkeim über die Vorgestaltung als einem aktualgenetischen Geschehen zur endgültigen Gestalt), die den Überlegungen *Ehrenzweigs* verwandt scheinen. In dem hier diskutierten Zusammenhang mag es genügen, gerade auf diese *Substruktur des Primärvorganges* aufmerksam zu machen. Es ist ein Phänomen, das wir im Rahmen der Theorien zur Kreativität mit den Stufen Frustration, Inkubation und schließlich Illumination (*Matussek* 1974) oder auch lediglich als Inkubationszeit des kreativen Prozesses (*Landau* 1971), in der sicherlich kein Chaos herrscht, sondern, so würde *Ehrenzweig* sagen, ein unbewußtes Prüfen stattfindet, zu beschreiben gewohnt sind.

Mit Nachdruck ist auf die zentrale Funktion des Ichs im kreativen Prozeß hinzuweisen. »Ob aus einer Beobachtung eine Entdeckung und aus einem Einfall ein Kunstwerk wird, hängt somit zugleich von dem ab, was die Psychoanalyse als das Ich bezeichnet. Es wird hier als der vom Bewußtsein und Willen beeinflußbare Anteil der Persönlichkeit verstanden, als die Vermittlerinstanz zwischen dem eigenen Ideal, den Trieben und der Außenwelt« (*Matussek* 1974). *Kreativität setzt also eine Ich-Stärke voraus,* um einerseits die Erfordernisse der Realität wie auch die eigenen Bedürfnisse und Wünsche zu erkennen und andererseits das diesen Gegebenheiten entsprechende primärprozeßhafte Material einer adäquaten Bearbeitung zuführen zu können.

Wir wollen nun unser theoretisches Verständnis auf das anwenden, was letztlich immer im Mittelpunkt unserer Überlegung stand, auf die Bildnerei der Schizophrenen. Wie bereits gesagt, wird unter dem Ich-psychologischen Aspekt die Schizophrenie – zunächst in rein beschreibender Weise – als eine Erkrankung des Ichs aufgefaßt; das Ich kann aufgrund eines Strukturdefektes – gleich welcher Genese – seine Aufgaben nicht mehr erfüllen, es büßt seine synthetische Funktion ein. Es kann die Forderungen der Realität mit denen des »Es« nicht in Einklang bringen, ist beiden ausgeliefert, fühlt sich einerseits von außen beeinflußt und wird andererseits von primärprozeßhaftem Material überschwemmt.

Bereits *Marcel Réja* formulierte: »Ohne sich spitzfindigen metaphysischen Fragen hinzugeben, darf man vielleicht etwas schematisch behaupten, der Verrückte unterscheide sich vom Nicht-Verrückten dadurch, daß er den Fluß seiner Ideen erdulde, anstatt ihn zu bestimmen. Er ist aller rationaler Kontrolle verlustig gegangen.« Ein solches Ausgeliefertsein mag dann im Falle einer bildnerischen Produktion eine große Zahl ungewöhnlicher, »origineller« Bilder hervorrufen. Wenn wir Kreativität jedoch als einen Zustand großer Ich-Leistung auffassen, werden wir bei diesen Bildern kaum von einer kreativen Leistung der Schizophrenen sprechen können und bleiben im nur Andersartigen, Ungewöhnlichen, bedingt durch einen Leistungsdefekt, stecken. Hier liegt bereits die wesentliche Quelle des Mißverständnisses einer angeblich stets im Sinne einer größeren Kreativität sich auswirkenden Psychose.

Mit Hilfe der skizzierten Begriffe wollen wir versuchen, die Dynamik des Kreativitätsprozesses bei Künstlern, Schizophrenen, Kindern und sogenannten Primitiven ein Stück weit zu beschreiben.

Bei den Künstlern besteht eine Freiheit des Pendelns, ein stetiges Schwanken zwischen Primär- und Sekundärprozeß; das intakte Ich des gesunden Künstlers wird nie ganz überschwemmt von den primären Prozessen des Unbewußten, ist vielmehr in der Lage, sich ihnen bewußt ein Stück weit auszusetzen. Das fertige Bild können wir auffassen als einen gestalteten Kompromiß zwischen primärprozeßhaftem Material und sekundärprozeßhafter Bearbeitung.

Dieses Zusammenspiel war z. B. schon *Franzisco de Goya* bekannt. Er formulierte es folgendermaßen: »Von der Vernunft verlassen erzeugt die Phantasie unmögliche Ungeheuer; mit ihr vereint ist sie die Mutter der Künste und der Ursprung ihrer Wunder.«

Die Gestaltung des Primärprozeßhaften ist bei Künstlern kein fester, regelhafter Prozeß. Der Künstler befindet sich vielmehr in einem ständigen Kampf um neue Lösungsmöglichkeit, d. h. insbesondere auch: Er stellt die Kunstgeschichte, die aktuelle »Kunstszene«, überhaupt die soziokulturellen Fakten und Bedingungen seiner Zeit in Rechnung und gelangt damit zu immer neuen – sekundärprozeßhaften, an der sozialen Umwelt gewachsenen – Bearbeitungen des primärprozeßhaften Materials. Dieses selber wiederum, da nie je in seiner vollen Breite erfaßbar, wird stets gerade in jenen Teilen aktiviert, die dem persönlichen Erleben des Künstlers zu dieser oder jener Zeit entsprechen. So steht das Ich des Künstlers als ein Mittler zwischen der Umwelt mit deren Forderungen, die auf sein Unbewußtes einwirken, und seinem Unbewußten, das nach Verwirklichung in eben dieser Umwelt drängt. Aus dieser dialektischen Beziehung wird der ständige künstlerische *Grenzkampf*, der – das sei nicht vergessen – auch verloren gehen kann, verständlich.

Hier nun steht der schizophrene Patient in einer anderen, vergleichsweise hilflosen Position. Durch die Krankheit, diesem zentralen Angriff auf sein Ich, ist er dem oben skizzierten »Grenzkampf« nicht mehr in optimaler Weise gewachsen. Die krankhaft bedingten Änderungen in der Struktur des Ichs sind nun natürlich nicht bei allen Patienten gleich ausgeprägt, es finden sich alle Abstufungen in Abhängigkeit von der prämorbiden Persönlichkeit einerseits und der Erkrankung und peristatischen Einflüssen andererseits. Selten jedoch nur erfährt ein Künstler eine Zunahme seiner kreativen künstlerischen Fähigkeiten; dies nur unter der Bedingung, daß ihm eine – wie auch immer geartete – Restitution seines Ichs gelingt und er nun aus dem Erleben des Krankheitseinbruchs mit dem Überschwemmt-Werden durch primärprozeßhaftes Material schöpfen kann, was ihm zuvor nicht in gleicher Weise möglich war. Das kann einem Werk eine neue Dimension verleihen, eine Tiefe und Echtheit, die ohne die Psychose nicht in gleichem Maße bestanden hätte. Sicherlich ist es stets anfechtbar, hier Beispiele geben zu wollen. So sei lediglich auf *Franz Xaver Messerschmidt* (1736 bis 1784) (*Kris* 1952), *Carl Fredrik Hill* (1849–1911), *Ernst Josephson* (1851 bis 1906), *Louis Wain* (1860–1939), *Louis Soutter* (1871–1942) (s. hierzu *Bader/Navratil* 1974), mit größtem Vorbehalt auch auf *Edvard Munch* (1863–1944) und *Alfred Kubin* (1877–1959) (*Winkler* 1948, *Dieckhöfer* 1981) verwiesen; zudem sind derartige Angaben deshalb schwierig, weil, ganz entsprechend den bereits vorgestellten Überlegungen, die Erkrankung eben nur dann einen Zugewinn bedeutet, wenn sie nicht (dauernd) destruierend eingreift, somit aber eben auch klinisch wie biographisch möglicherweise nicht bekannt wird.

Entsprechend einem Fortschreiten des schizophrenen Prozesses reichen die Ich-Leistungen meist jedoch nicht mehr aus, ein früheres künstlerisches Niveau aufrechtzuerhalten. Es kommt, wenn nicht zu einem Gestaltzerfall, wie er zu Beginn und auf dem Höhepunkt eines psychotischen Schubes fast immer zu beobachten ist, so doch zu einer starren, unflexiblen und damit letztlich unkreativen formalen Lösungsstrategie bildnerischer Probleme. Dies ist für die gesamte sogenannte Bildnerei schizophrener Patienten als charakteristisch anzusehen. »Es wäre ein Irrtum zu sagen, daß die Mobilisierung der verkümmerten und unentwickelten kreativen Funktionen beim Geisteskranken in sich selbst pathologisch sei; die Pathologie zeigt sich einzig darin, daß sich die Fähigkeit des Psychotikers trotz seiner massenhaften Produktion ihrem Niveau nach im wesentlichen gleich bleibt« (*E. Kris* 1952/1977). Es ist in diesem Zusammenhang bemerkenswert, daß bereits *Walter Morgenthaler* (1921) in seiner Monographie über *Adolf Wölfli* darauf hinwies, daß in der ungeheuer großen Produktion dieses Kranken ein echter Stilwandel oder eine Stilentwicklung nicht zu verzeichnen sei. Dies mag bei einem Mann, der seit *Morgenthalers* Veröffentlichung uneingeschränkt als »der« schizophrene Künstler schlechthin gilt, doch verwundern und verweist zugleich eindringlich auf diesen häufig anzutreffenden Sachverhalt.

Es darf auch nicht übersehen werden, daß die Veröffentlichungen zur Bildnerei schizophrener Patienten eine Auswahl darstellen, keinen statistischen Querschnitt. Veröffentlicht werden fast ausschließlich *ansprechende Bilder*, nicht jedoch die unendlich vielen *künstlerisch wertlosen Bilder*. Die Phänomene des Abbaus sind zahlenmäßig und in ihrer Bedeutung sicherlich umfassender, als es diese Veröffentlichungen vermuten lassen.

Eine scheinbare Ausnahme hiervon machen manche Bilder von schizophrenen Patienten, die zuvor nie oder kaum gemalt haben. Von einem vollkommen belanglosen, ungeübten, nachempfundenen Stil kommen sie manchmal in bestimmten Krankheitsstadien – bei nur partiellen Ich-Störungen – zu ungewöhnlichen, neuen bildnerischen Lösungen, d. h., sie können vorübergehend auf ihren so gewohnten, so »normalen« Formkanon verzichten – oder, bei stärkerer Ausprägung der Erkrankung: sie müssen verzichten. Inhaltlich stehen ihnen dann neue, ungewohnte Dimensionen offen, die sie formal, da ungeübt, in manchmal frischer, unkomplizierter und direkter Weise gestalten können (vgl. hierzu »L'art brut«). Es können Bilder entstehen, die – vom fertigen Produkt her betrachtet – künstlerische Qualitäten aufweisen. Die Schilderung ihrer Entstehungsgeschichte verweist jedoch letztlich nicht auf das Ergebnis eines kreativen Prozesses mit einer Ich-Leistung, sondern auf den Krankheitsprozeß. Betrachtet man jahrelange Verlaufsserien, so findet man recht bald, sofern der Krankheitsprozeß fortschreitet, ein Versanden dieser anfänglichen Frische, es wird ein fester Formkanon ausgebildet, von einer wirklichen Kreativität kann dann nicht mehr gesprochen werden.

Diese hier vorgestellten Überlegungen dürfen jedoch nicht dazu verführen, die Bildnerei schizophrener Patienten als wertlos abzuqualifizieren. Bildnerische Produktion wie alle Kreativität ist nicht nur nach außen gerichtet, sondern hat als wesentlichen Aspekt die Frage der *Selbstverwirklichung* zu berücksichtigen. Gerade dieser Gesichtspunkt ist von großer Bedeutung für unsere Betrachtung. Bei manchen schizophrenen Patienten entsteht der Eindruck, daß sie sich gewissermaßen *zu einer Heilung durchmalen*, daß ihnen mit Hilfe der Malerei eine *Stabilisierung und teilweise Rekonstruktion des Ichs* gelingt. Gerade die Tendenzen zur Geometrisierung und Formalisierung entsprechen oft einem Ringen um Form dem bedrängenden Chaos gegenüber. *Gaetano Benedetti* (1975) beschreibt dies treffend in seinem Buch »Psychiatrische Aspekte des Schöpferischen und schöpferische Aspekte der Psychiatrie«: »Die schizophrene Selbstverwirklichung in der Kunst ist wesensmäßig nicht verschieden von derjenigen, welche sich auch in einem Wahnsystem ausdrücken kann. Das psychotische Selbst versteht sich durch Formen nicht weniger als durch begriffliche Konstruktionen. Die Bildnerei dient also nicht selten der Sicherung des Wahns, der Objektivierung der Affekte, der Abwehr der desintegrierenden Impulse oder dem Entschluß solcher Impulse in einer vom Ich gesteuerten Form, kurz *der Stabilisierung und Integrierung des Ichs*. Das autistische, selbstbezogene Moment ist in solchen Formen der *Selbstverwirklichung* unverkennbar. Das Überindividuelle in der Kunst, die Identifizierung mit den universellen Gedanken des Menschen, die Transzendierung des eigenen Selbst in einer universellen Sorge gelingen in der Schizophrenie nicht sehr häufig – in der Malerei wie in der Dichtung.«

2.6.4 Klinische Beispiele

Wie auch schon im vorangegangenen Text sollen unsere theoretischen Erörterungen durch Fallbeipiele belegt werden, wobei ich wiederum gerade diejenigen Patienten herausgegriffen habe, in deren bildnerischem Werk Kopffüßler eine Rolle spielen. Die vorgestellten Fallbeispiele unterscheiden sich in der »Morphologie der Kopffüßler« recht erheblich voneinander, so daß es angebracht erscheint, hier nicht nur einen dieser bildnerisch tätigen Patienten herauszugreifen.

Andere Autoren haben auch immer wieder einmal Kopffüßler – gerade von schizophrenen Patienten – abgebildet, insbesondere ist auf die Publikationen von *Leo Navratil* (1974), aber auch *A. Bader* (1972) und *P. Pongratz* zu verweisen.

Den ersten Hinweis zu unserem Thema verdanken wir jedoch *Hans Prinzhorn*, der in seinem Standardwerk »Bildnerei der Geisteskranken« ausführlich über *Karl Brendel* berichtet.

Klinisches Beispiel: Karl Brendel

Wir folgen in der Beschreibung der Lebens- wie auch Krankheitsgeschichte den Ausführungen von *Hans Prinzhorn*. *Prinzhorn* hat *Brendel* zweimal, und zwar 1920 und 1921, im Psychiatrischen Krankenhaus besucht.

Karl Brendel wurde 1871 in einer thüringischen Stadt geboren, als Sohn eines Fuhrunternehmers, der noch acht andere Kinder – drei Söhne und fünf Töchter – hatte. In der Familie sollen keine »Nervenleiden« bekannt gewesen sein.

Im Jahre 1900 erlitt er eine Quetschung am linken Bein. Danach – ob im Zusammenhang damit, ist zweifelhaft – hatte er 1902 an diesem Bein mehrere Operationen durchzumachen, anscheinend wegen Abszeßbildung im Anschluß an Furunkulose, und schließlich mußte das Bein hoch amputiert werden. Mit der Krankenkasse hatte er später lange Auseinandersetzungen wegen seiner Rente, wobei er seine Interessen mit großer Hartnäckigkeit verfocht.

Über seine eigene Entwicklung gab *Brendel* 1906, im Beginn seiner Erkrankung, an, er habe frühzeitig gehen und sprechen gelernt und keine auffallenden Entwicklungsstörungen oder krankhafte Erscheinungen in seiner Kindheit gezeigt. Nach Abschluß der Volksschule, in der er gut vorwärts gekommen war, lernte er das Maurerhandwerk und arbeitete an verschiedenen Orten in Westfalen und Lothringen. 1895 heiratete er eine Witwe mit drei Kindern, aus dieser Ehe stammen noch zwei eigene Kinder. Die Ehe wurde 1902 wegen einer Gefängnisstrafe, die *Brendel* abzubüßen hatte, geschieden. Ab 1892 war *Brendel* wiederholt mit dem Strafgesetz in Konflikt gekommen. Es fehlte ihm die Tendenz, sich stetig in die bestehenden sozialen Verhältnisse zu fügen, gleichmäßig zu arbeiten, seine Familie zu ernähren. Ob ein gewisser Hang zur Phantastik ihm schon früher eigen war, ist nicht sicher nachzuweisen, aber sehr wahrscheinlich. Zumindest war *Brendel* ein ausgesprochen expansiver Mensch mit lebhafter Affektivität und meist gehobener Stimmungslage. Auch die leichte Reagibilität, die bei seiner etwas selbstherrlichen Kraftnatur so leicht zu Konflikten mit dem Strafgesetz führte, spricht dafür. Und hiermit steht die Hemmungslosigkeit seines Verhaltens in Zusammenhang, die offenbar nicht erst in der Psychose aufgetreten ist. Sein Grundstreben geht auf aktives Ergreifen der Umwelt, auf Lebensfülle, auf Macht, auch auf Wissen

aus. Es ist nicht schwer, die erotische Triebkraft in seinem Gebaren nachzuweisen. Soweit sich beurteilen läßt, hatte *Brendel* ursprünglich über eine gute, vielleicht etwas mehr als durchschnittliche Intelligenz verfügt, die aber durch seine Unstetheit nicht zur Geltung kam. Die Anstalt rühmte seine Gewandtheit und Findigkeit bei der Ausführung von allerhand praktischen Arbeiten.

Über den offenkundigen Beginn der Krankheit liegt ein Gutachten eines Kreisarztes vom 2. Oktober 1906 vor, der *Brendel* in der Haft beobachtet hatte und ihn in seinem Gutachten wegen Geisteskrankheit für schuldunfähig (bei Körperverletzung und Widerstand) bezeichnete. Im Gutachten heißt es: »Über die Zeit ist er klar, weiß, wo er sich befindet, kennt die Beamten und zeigt auch leidliche Schulkenntnisse. Meist sitzt er ruhig in seiner Zelle, ist heiterer Stimmung und liest entweder viel in Büchern, in denen er stets Berührungspunkte mit seinen Ideen findet, oder schreibt seine Erlebnisse auf, und zwar mit Vorliebe in gebundener Form. Richtet man eine Frage an ihn, so beantwortet er diese zunächst richtig, läßt man ihn aber weiterreden, so äußert er, zunächst im Zusammenhang mit der gestellten Frage, später ganz sinnlos, Ideen, die z. T. Verfolgungs-, z. T. Größenvorstellungen sind. Je länger er spricht, je verworrener werden seine Äußerungen. Wenn man ihn aber öfter hört, bemerkt man doch, daß keine völlige Ideenflucht besteht, sondern daß es immer dieselben Personen sind, mit denen sich seine Gedanken beschäftigen. Er hört Stimmen zu ihm sprechen: ›Ich bin dem Kaiser sein Bruder, ich bin ein Monarch, was hat die Geistlichkeit für ein Recht, aus mir einen Heiland zu machen; die Polizei ist der allmächtige Gott, Pastor Schmidt ist der Gesetzgeber, die Geistigkeit der Totengräber.‹ Man hat ihn auf alle mögliche Weise zu vergiften versucht: ›Schwefel, Lysol, Alaun, Hirschbrunnenwasser, Augenverblende, Opium, Arsen.‹ Ganz wunderlicher Mittel haben sich seine Feinde bedient, um ihn zu töten. Sein Bett sei mit Edelsteinen belegt gewesen, dann seien ihm Platten auf den Kopf gelegt worden und der elektrische Strom durch ihn geleitet. Im Gefängnis

Abb. 12 Drei geschnitzte Kopffüßler von Karl Brendel, Vorder- und Rückansicht (aus *Prinzhorn, H.:* Bildnerei der Geisteskranken. Neudruck der 2. Auflage von 1922. Springer, Berlin/Heidelberg/New York 1968)

unterhält sich andauernd ein Bauchredner mit ihm. Alle diese Dinge werden von *Brendel* sehr geläufig vorgebracht, als ob es ganz selbstverständliche Dinge wären. Äußert man Zweifel, so sagt er ganz ruhig: ›Ach, Herr Doktor, das verstehen Sie nicht.‹ Gesichtshalluzinationen will er nicht haben. Während der Zeit der Beobachtung verhielt sich *Brendel* stets gleich. Niemals gelang es, auch nur fünf Minuten lang ein vernünftiges Gepräch mit ihm zu führen; stets schweifte er sofort ab. Die gleiche Beobachtung haben auch die Beamten des Gefängnisses gemacht, die in der Regel gleichfalls eine heitere Stimmung an ihm beobachtet haben. Einige Male soll er allerdings auch wegen

geringfügiger Dinge hochgradig erregt gewesen sein und sehr geschimpft haben.«

Aufgrund dieser ausführlichen Schilderung des Erkrankungsbeginnes kann an einer paranoid-halluzinatorischen Form der Schizophrenie kein Zweifel bestehen. Der weitere Fortgang der Krankheit zeigte, daß es sich nicht um den ersten akuten Schub einer mit Remissionen verlaufenden Krankheit handelte, sondern um einen fast stetig fortschreitenden Prozeß.

Brendel hatte schon vor seiner Erkrankung eine Neigung zum Formen und Schnitzen gehabt. Aus seinen Angaben geht hervor, daß er in seinem Beruf wiederholt Gelegenheit hatte, die Technik des Formens aus weichem Material zu üben, wodurch zweifellos die bewußt plastische Auffassung der Außenwelt über das gewöhnliche Maß gefördert worden ist. Dagegen spielte bei derartigen Tätigkeiten die eigene Erfindung so gut wie gar keine Rolle, zumal, wenn man wie *Brendel* mehr aushilfsweise mit Stukkateurarbeiten in Berührung kommt.

Im psychiatrischen Krankenhaus begann *Brendel* 1912/13 Figuren aus gekautem Brot zu kneten, die sich nach Mitteilung der Ärzte und älterer Pfleger meist durch Obszönität auszeichneten. Von diesen ersten Versuchen blieb nichts erhalten. Etwa zu gleicher Zeit scheint *Brendel* mit Holzschnitzen begonnen zu haben. Der damalige Abteilungsarzt, der *Brendels* Neigung unterstützte, berichtete, er habe nicht etwa erst tastende Versuche gemacht, sondern von Anfang an seine charakteristische Art gezeigt. Vorbilder interessierten ihn nie, selbst wenn man ihm eigens welche gab. Als ihm später einmal Bilder von Kunstwerken verschiedener Zeiten gezeigt wurden, gefielen ihm ägyptische besonders.

Prinzhorn hat einen großen Teil der Plastiken ausführlich beschrieben, wir wollen an dieser Stelle lediglich seine Beschreibung der drei Kopffüßlerfiguren von *Brendel* aufgreifen: »Zum dritten Male tritt das Christusmotiv in drei etwas späteren Figuren auf (Abb. 12), die wir zunächst formal betrachten. Alle drei sind aus flachen Brettern geschnitzt, aber stark abgerundet. Die beiden kleineren entstanden vor der mittleren. Benannt waren sie zunächst ›Die Frau mit den Elefantenfüßen‹, und ›Die Frau mit dem Storch‹. Später nannte er auch die eine Figur Jesus, die andere Jesin. Diese beiden Namen aber wendet er ständig auf die größere mittlere Figur an, die auf der Rückseite ein bartloses Gesicht hat, und zwischen den langen, offenbar mehr nach dekorativen Gesichtspunkten geknickten Beinen zwei Hände trägt, während die kleineren mit einem lappen- oder auch skrotumartigen Gebilde ausgestattet sind. Die große Figur meint Jesus, der in ein Schiff gestiegen und zum Staunen des Volkes hinausgefahren ist. Tatsächlich steht die Figur lose in einem schiffartigen Fußstück. Diese Kopffüßler gehören

zu den merkwürdigsten Werken des Maurers. . . . hier sollen die drei Figuren als Zwitter und als Christusdarstellungen herangezogen werden. Denn diese wunderliche Zwittervorliebe, die im Zusammenhang mit der Christusvorstellung, aber auch für sich in einer ganzen Reihe von späteren Werken wiederkehrt, verlangt eine nähere Untersuchung. *Brendels* Aussprüche über diesen Vorstellungskomplex sind folgende: . . . »Man sieht nur den Kopf, weil der Leib am Kreuz angeschlagen worden ist – hinten ist die Jesin – er ist im Geschlecht gerade wie wir auch – nur läßt er das Mädchen ins Kloster – nichts Überirdisches ist dabei«; im Hinblick auf die beiden kleineren Kopffüßlerfiguren, die er wiederholt als Frauen bezeichnete, gab er an: »Auch soviel wie ein Jesus – weil jeder Mensch ein Jesus ist und sich dafür ausgibt. Jesus ist ein Teckel gewesen; – der Sack, das sind Sakramente. Er trägt alles im Sack, wie der Nikolaus.« (Wieso sind das Frauen?) »Die Jesin will eben die Vorhand haben; sie hat den Religionsvogel. Sie glaubt und glaubt doch nicht.« . . .

Nehmen wir dazu einige z. T. häufig wiederkehrende Äußerungen, wie: »Der Mensch muß eine Opferung machen« – »Der geistliche Jesus Christus kommt nachts und macht mit dem Messer Löcher in die Hände« – »Lazarett hieß Nazareth, das ist soviel wie Jesus und beten; und der Lazarus bin ich« – »Wenn ich ans Kreuz komme, gibt's keinen Krieg mehr« – die Phantasien über Zwitterbildung, die er bald auf ein Erlebnis mit einem abnormen Mädchen, bald auf Fälle, die er bei seinem Chirurgen gesehen habe, zurückführt – schließlich noch seine Stellung zur Ehe, so läßt sich der Vorstellungsgrund, aus dem diese Christuszwitter erwachsen, etwa so umschreiben: Mit großer Wahrscheinlichkeit wurzeln in *Brendels* Zeit vor der Erkrankung zwei Komponenten: Die Erfahrungen über Schwierigkeiten im Eheleben, oder besser allgemein gesagt, im Verhältnis von Mann und Weib. Der letzte Sinn seiner mannigfachen Äußerungen zur Problematik dieser Lebensgrundlage ist Gefühl mehr als Erkenntnis. Nämlich das weltanschaulich alles Vorstellungsleben durchdringende Gefühl der unentrinnbaren sexu-ellen Gebundenheit. Soweit er nur seinen ei-genen Anteil daran völlig subjektiv betrach-tet, läßt er ohne jede Scham schrankenlose Begierde sehen, die bei der Wucht seiner ganzen Persönlichkeit oft etwas urtümlich Grandioses hat, aber auch häufig den Cha-rakter faunischer Lüsternheit annimmt und sich in derben, wenn auch relativ witzigen Zoten gefällt. Wendet er sich dagegen sei-nen Sexualobjekten zu, so hat er deutlich zwei Wertungen bereit: Es gibt für ihn passi-ve Sexualobjekte, die seine Phantasie am lebhaftesten umspielt, junge Mädchen, Kin-der, Tiere – über reale, zugrundeliegende Erlebnisse ist nichts zu erfahren –, und auf der anderen Seite die selbständige, als Per-son mit eigenem Willen auftretende Frau. Dieser gegenüber nun fühlt er sich unfrei – sie nutzt die »sexuelle Bindung« des Mannes aus, um Macht über ihn zu erlangen (»die Frau will die Vorhand haben« ist eine ste-

Abb. 13 Geschnitzter Kopffüßler von Karl Brendel (die Abbildung wurde freund-licherweise von Frau Dr. *I. Jarchow,* Heidel-berg zur Verfügung gestellt)

reotype Wendung). Der Sexualtrieb wird dabei nur positiv gewertet. Er wird ohne Einschränkung anerkannt als über den Men-schen verhängtes Los, wie als Quelle des Genusses. Daher wird er auch nicht als Sün-de entwertet, oder in seiner Kleinform als Keuschheit verehrt. Die völlig schrankenlo-se, brutale Gewalt des Triebes aber er-scheint in den Erlebnissen, die mit Halluzi-nationen und körperlichen Sensationen, be-sonders in der Genitalsphäre, verbunden sind: in homosexuellen Handlungen und grausamen Quälereien (den Penis mit dem Haken herausreißend usw.) deutet er das Verhalten der Wärter in seinen Erregungs-zuständen um. Hier fühlt er sich als Opfer ausgeliefert, vergewaltigt in einer Lebens-sphäre, die er als Domäne der Kraft und Willkür kennt – mit Ausnahme jenes Ab-hängigkeitsverhältnisses zu seiner Frau, das eben durch die sexuelle Bindung fundiert ist. Zu diesen zwei Erlebniskomplexen, in de-nen sich *Brendel* als Vergewaltiger und als Opfer fühlt, kommt ein dritter mit ähnli-chem Charakter, nur ohne Beziehung zur Sexualität. Das ist die langwierige Leidens-geschichte, die sich an die Krankheit und Amputation seines linken Beines knüpft, wobei er wieder, zunächst körperlich, dann aber auch im allgemeineren Sinne bei den nachfolgenden Rentenkämpfen sich als Op-fer überlegener Mächte preisgegeben fand.«

Ob die Amputation des linken Beines wirklich, wie *Prinzhorn* es darstellt, keine Beziehung zur Sexualität hat, erscheint frag-lich; zu sehr läßt sie an eine Kastration den-ken, auch scheint sie in den schon beschrie-benen Körperhalluzinationen in sexueller Form wiederzukehren: den Penis mit Haken herausreißen.

Eine Beschäftigung mit der sexuellen The-matik, die *Prinzhorn* so eingehend schildert, erscheint angebracht, da Kopffüßler zu-nächst asexuelle Wesen sind. Kindliche Kopffüßlerdarstellungen geben sich allen-falls durch sekundäre Geschlechtsmerkmale wie Haartracht und Bart als männlich oder weiblich zu erkennen, meist sind sie jedoch ein »Neutrum«. Auch bei den Kopffüßler-darstellungen schizophrener Patienten fin-den wir nur sehr selten primäre Geschlechts-

Abb. 14 Oswald Tschirtner, Ein Liebespaar
(Federzeichnung, ca. 1978)

Abb. 15 Oswald Tschirtner, Zwei knieende
Menschen (Federzeichnung, 1971)

merkmale (vgl. hierzu insbesondere *Augustin W.*); in der modernen Kunst hingegen sind Kopffüßlerdarstellungen mit primären Geschlechtsmerkmalen häufiger anzutreffen (s. z. B. *Horst Antes*).

Es hat in diesen Arbeiten *Brendels* den Anschein, als habe er in der Reduktion der Menschendarstellung dieses als Neutrum – aufgrund seiner Veranlagung und seiner Lebensgeschichte mit den daraus resultierenden sexuellen Spannungen – nicht bestehenlassen können, sondern gerade in dieser reduzierten Form besonders stark – da auffällig – ausdrücken können.

Diese Ausführungen lassen nun auch in Abb. 13 einen »sexualisierten Kopffüßler« erkennen. Diese Plastik wurde von *Prinzhorn* nicht abgebildet, sie ist ebenso wie die anderen drei Kopffüßlerplastiken heute nicht mehr auffindbar.

Klinisches Beispiel: Oswald Tschirtner

Leo Navratil hat bereits mehrfach über seinen Patienten *Oswald Tschirtner* berichtet. Im folgenden stützen wir uns auf die Angaben *Navratils* zur Lebens- und Krankheitsgeschichte des Patienten.

Oswald Tschirtner wurde 1920 geboren, er stammt aus der Umgebung Wiens. Nach dem Abitur im Jahre 1939 wurde er zum Deutschen Reichsarbeitsdienst eingezogen und konnte nach dessen Beendigung zweieinhalb Semester Chemie studieren, sein Wunsch wäre jedoch gewesen, Priester zu werden. Er kam zur Nachrichtentruppe der Deutschen Wehrmacht, wo er, wie viele andere Abiturienten, die sich zur Offizierslaufbahn nicht verpflichten wollten, im Mannschaftsstand verblieb (Obergefreiter). Bei seiner Entlassung aus der französischen

Gefangenschaft 1946 war *O. T.* bereits an einer Schizophrenie erkrankt, 1947 erfolgte die stationäre Aufnahme im Psychiatrischen Krankenhaus Klosterneuburg bei Wien.

Eine von *Oswald Tschirtner* verfaßte Selbstbiographie ist in formaler Hinsicht – gerade im Hinblick auf seine gute Vorbildung – auffällig:

»Geboren 1920 in Niederösterreich. In die Volksschule gegangen und in die Hauptschule. Es ging mir in der Kindheit gut. Dann kam ich ins Humanistische Gymnasium, Matura vorzüglich. Dann kam der Arbeitsdienst. Dann kam ich zum Militär und in die Gefangenschaft. In der Gefangenschaft hatte ich Hunger. Aber es war erträglich. Nach dem Krieg wollte ich Theologie studieren. Ich war noch nicht reif dafür. Für alle muß man dasein. Fehlen darf nichts. Man muß die Gebote halten. 7. Du sollst nicht stehlen. 8. Du sollst kein falsches Zeugnis geben wider Deinen Nächsten. 9. Du sollst nicht begehren Deines Nächsten Hausfrau. 10. Du sollst nicht begehren Deines Nächsten Gut. 5. Du sollst nicht töten. 6. Du sollst nicht Unkeuschheit treiben. Friede soll sein. Si vis pacem, para pacem. Wenn Du Frieden willst, bereite Frieden.«

Zum psychischen Befund beschreibt *Navratil*, daß *Oswald Tschirtner* entgegenkommend, freundlich, von schülerhaftem Ernst ist. Im Gespräch beschränkt er sich auf kurze Antworten, die er mit leiser, monotoner Stimme, sehr rasch, oft echoartig gibt; sein Verhalten ist von Automatismen beherrscht; er befolgt jede Aufforderung, von sich aus beschäftigt er sich aber nicht; nur gelegentlich unterhält er sich mit Kreuzworträtseln; sich selbst überlassen, sitzt er oft lange in sich versunken, von psychotischen Innenerlebnissen erfüllt.

Seit 1970 zeichnet *Navratil* regelmäßig mit dem Patienten, der von sich aus, ohne Aufforderung, dies bis dahin nicht getan hatte. Tusche und Feder erwiesen sich als für *Oswald Tschirtner* geeignete Ausdrucksmittel. Er zeichnete zunächst ausschließlich Kopffüßler und war mit jeder Zeichnung schnell fertig (s. Abb. 14 u. 15). Später wurden dem Patienten von *Navratil* Fotos und Reproduktionen von Gemälden zum Abzeichnen vorgelegt, hierbei war es ihm möglich, vom Kopffüßlerschema abzuweichen.

Die hier gezeigten Kopffüßler sind nun zweifellos ganz anderer Struktur als die zuvor gezeigten. In ihrer »Lebkuchenform«, d. h. der reinen Umrißzeichnung, erinnern sie an die auch von anderen schizophrenen Patienten häufig gezeichneten Kopffüßler; insofern erinnern sie auch an kindliche Kopffüßler. Daneben bestehen jedoch wesentliche Unterschiede, und zwar sind diese Figuren fast ausschließlich vierbeinig, die Beine sind nie als Striche, sondern voluminös gezeichnet und – als wichtigstes – es kommen Profildarstellungen vor (Abb. 15). Dies sind gegenüber den Kopffüßlerdarstellungen vierjähriger Kinder deutliche Unterschiede (insbesondere die Profildarstellung beherrschen sie nicht!), so daß es nicht auszureichen scheint, nur von einem »Regressionsphänomen« zu sprechen, zumindest bedarf dieser Terminus hier einer Erläuterung. Es zeigt sich nämlich an dieser so scheinbar äußerst schlichten Zeichnung, daß dem ursprünglichen Kopffüßlerschema nichtentsprechende, weiterentwickelte zeichnerische Leistungen verwendet werden. Auf dem Weg der Regression werden sozusagen einzelne Gestaltungselemente mitgenommen und schließlich in die schlichtesten Darstellungsformen des Menschen, den Kopffüßlern, integriert. Derartige Phänomene sahen wir auch bei geriatrischen Patienten (s. 3.4), bei denen immer wieder auch Reste der ursprünglichen Leistungsfähigkeit zu erkennen waren. Vielleicht erweist es sich als hilfreich, von reinen und – wie hier – *gemischten Regressionsphänomenen* zu sprechen.

Klinisches Beispiel: Joseph S.

Josef S. wurde 1916 geboren, seine Mutter verstarb ein Jahr später nach der Entbindung des nächsten Kindes an Wochenbettfieber. Aus der Familie sind keine Geistes- oder Gemütskrankheiten bekannt.

In der Volksschule wurde Josef S. zweimal nicht versetzt, welche der Fächer ihm besondere Schwierigkeiten bereiteten, ist nicht bekannt. Nach der Schulzeit arbeitete er im väterlichen landwirtschaftlichen Betrieb,

Abb. 16 Josef S. (Wachskreiden auf Tapetenrückseite, 36 × 57 cm, 1979)

Abb. 17 Josef S. (Filzstifte auf Papier, 50 × 35 cm, 1979)

bis er 1936 zum Reichsarbeitsdienst eingezogen wurde. Wohl aufgrund seiner intellektuellen Minderbegabung und seines im Grunde gutmütigen und freundlichen Wesens wurde er fortlaufend zurückgestellt, oft auch schikaniert und geschlagen. Über konkrete Gründe oder Anlässe dieser Geschehnisse ist nichts Näheres bekannt.

Während eines Urlaubs zu Weihnachten 1936 erschien Josef S. den Angehörigen erstmalig auffällig. Er tappte eigenartig mit den Fingern auf den Tisch, war teilnahmslos, zeigte kein Interesse mehr für das Vieh, das ihm sonst immer sehr am Herzen gelegen hatte. Bei einem zweiten Urlaub Anfang 1937 war er völlig teilnahmslos, sein Verhalten und seine Gesten erschienen den Angehörigen unverständlich. Er schlief viel, auch im Sitzen. Dieses für die Angehörigen eigentümliche Verhalten soll auch bei jedem weiteren Urlaubsaufenthalt zu beobachten gewesen sein.

1937 wurde er aus dem Reichsarbeitsdienst entlassen, zu diesem Zeitpunkt war der Krankheitsprozeß deutlich weiter fortgeschritten. Er stierte vor sich hin, schnitt Fratzen, zeigte ein maniriertes Wesen, murmelte undeutliche Worte vor sich hin, präsentierte mit dem Spaten. Oft blieb er tagelang von zu Hause weg, dann wiederum blieb er tagsüber im Bett liegen. Im Januar 1939 wurde er von den Angehörigen in die Universitäts-Nervenklinik nach Köln gebracht. In den dortigen Unterlagen heißt es, er wirke albern-läppisch, dann wieder vollkommen teilnahmslos. Er grimassiere und zeige Bewegungsstereotypien, auch wurde eine Echolalie beschrieben. Es wurde die Diagnose eines »hebephrenen Zustandsbildes bei Debilität« gestellt. Im November 1939 wurde der Patient in das Rheinische Landeskrankenhaus nach Bonn verlegt, wo er sich seitdem ohne Unterbrechung befindet. Als dort vor einigen Jahren die Verlegung in ein anderes Heim diskutiert wurde, scheiterte dies am massiven, panikartigen Widerstand des Patienten.

In der Klinik lebte er sich zunächst gut ein, neigte jedoch stets zur Verwahrlosung, zeitweise traten auch Erregungszustände auf, er drohte, Mitpatienten anzugreifen.

Es war schwer, Josef S. zu einer Tätigkeit anzuregen, meist saß er teilnahmslos herum oder lief unruhig auf und ab bzw. machte ausgedehnte Spaziergänge im Klinikgelände. Zeiten, in denen er ruhig und ausgeglichen wirkte, wechselten mit Stadien ab, in denen er innerlich gespannt und psychomotorisch unruhig wirkte.

Anläßlich einer gutachterlichen Stellungnahme 1961 zeigte er sich zeitlich wenig orientiert. Als Jahr gab er 1956 an. Er glaubte, daß Hitler noch lebe, nannte Göring als Bundespräsidenten und Frick als Bundeskanzler. Die Ereignisse der vergangenen Jahre hatte er in keiner Weise registriert. Im Vordergrund des Krankheitsbildes standen die krankhaften Veränderungen im Affekt und der Willenssphäre. Er grimassierte stark, gab sich in seinem Verhalten sehr maniriert, neigte zum Vorbeireden bis hin zu einer ausgesprochenen Denkzerfahrenheit, so daß ein geordnetes Gespräch kaum möglich war. In Übereinstimmung mit früher gestellten Diagnosen war auch jetzt von einer Schizophrenie zu sprechen, wobei nun ein ausgeprägter Defektzustand ganz offensichtlich war. Rückblickend ist von einem stetig progredienten Verlauf der Erkrankung zu sprechen, der 1961 festzustellende Defektzustand ist in den vergangenen 20 Jahren unverändert geblieben.

Josef S. lebt auf einer offenen Station im Behindertenbereich der Rheinischen Landesklinik Bonn, er erweist sich als ausreichend orientiert, verläuft sich nicht mehr, kehrt regelmäßig zu den Mahlzeiten auf Station zurück. Den Tag verbringt er meistens in der Cafeteria, wo er raucht, sich kaum oder gar nicht unterhält, sich auch nicht – entsprechend seiner schon vor der Erkrankung bestehenden intellektuellen Minderbegabung – mit Lesen, Kreuzworträtseln oder ähnlichem beschäftigt. Auf seinen Wegen durch das Klinikgebäude bittet er in freundlicher Form Passanten um Zigaretten oder auch um Geld, ist dabei jedoch nicht aufdringlich. Aggressive Tendenzen waren bei Josef S. in den letzten Jahren nicht mehr zu beobachten, er ist vielmehr in seiner Stimmungslage etwas gehoben, blickt freundlich drein, lächelt vor sich hin. Trotz

Abb. 18 Josef S. (Wachskreide auf Papier, 42,5 × 30 cm, 1979)

Abb. 19 Josef S. (Wachskreiden auf Papier, 60 × 43 cm, 1979/80)

seines freundlichen, aufgeschlossenen Wesens hält er sich für sich allein, hat keinen tiefergehenden Kontakt zu Mitpatienten oder sonstigen Menschen. Engere Bande zur Familie bestehen nicht, er wurde seit Jahren von seinen Angehörigen nicht mehr besucht.

Gelegentlich hält sich Josef S. in der Beschäftigungstherapie des Behindertenbereichs auf, dies jedoch nur sehr unregelmäßig, meist befindet er sich auf Spaziergängen im Klinikgelände oder in der Cafeteria. Die Beschäftigungstherapeutin berichtet, daß seine graphische Leistungsfähigkeit sehr von seinem Stimmungszustand abhänge. Ganz schlichte Kopffüßlerformen zeichne er, wenn er sich nicht recht wohl fühle (s. Abb. 16 u. 17). An diesen Tagen komme er dann ohne ein Wort des Grußes in die Beschäftigungstherapie, spreche mit niemandem, erzähle nichts, zeichne nur vor sich hin.

Anders sei es an Tagen, wo er sich wohl fühle, viel erzähle, manchmal auch frage, was er denn wohl zeichnen solle. An diesen Tagen verlasse er häufig dann auch sein Kopffüßlerschema und zeichne Menschen mit einem Körper, mit Armen und Beinen (s. Abb. 18). Manchmal zeichne er auch ganz andere Dinge, so z. B. ein Haus oder sogar auch einen Vogel oder einen Löwen (s. Abb. 19).

Die bildnerischen Ergebnisse sind, wie die für die gesamte Produktion repräsentativen Abbildungen zeigen, relativ schlicht. Meist zeichnet Josef S. mit Wachskreiden, gelegentlich mit Filzstiften. Fast alle seine Blätter sind in ihrer ganzen Fläche farbig, nicht aber mit Formen ausgefüllt. Von einem »horror vacui«, wie er sich auf anderen Bildern schizophrener Patienten häufiger zeigt, ist bei ihm nicht zu sprechen. Sein bildnerisches Formvokabular ist nicht sehr umfangreich. Gerade aber für die menschliche Darstellung finden wir bei Josef S. auffälligerweise alle Abstufungen vom schlichtesten Kopffüßler – ohne Gesicht und Arme, s. Abb. 16 – über klar gegliederte Kopffüßler – mit Gesicht und an den Beinen ansetzenden Armen (!), s. Abb. 17 – bis hin zu Figuren, die aus mehreren Rundformen bestehen (Abb. 18).

Wir hatten bereits darauf verwiesen, daß beim »klassischen Kopffüßler« die Arme am Kopfgebilde ansetzen; bei einer Regression des bildnerischen Ausdrucksvermögens, wenn also schon einmal eine weitere zeichnerische Entwicklungsstufe erklommen worden war, werden die Arme häufig an den Beinen angesetzt (vgl. hierzu Abb. 6 mit Abb. 16). Es kann auch kein Zweifel bestehen, daß Josef S. vor seiner Erkrankung – trotz der Minderbegabung (Debilität) – sehr wohl in der Lage war, Menschen in einer differenzierteren Form als der des Kopffüßlers darzustellen. Wie sehr er jedoch diesem Darstellungsschema als einem festen Reiz-Reaktionsmuster verbunden ist, zeigt sich u. a. in Abb. 19. Auch der Löwenkopf – eine vergleichsweise gute graphische Leistung – ist mit Beinen versehen, es handelt sich sozusagen um einen Kopffüßler-Löwen. Darüber hinaus stellte die Nasenform für Josef S. als eine geschlossene Rundform einen derart großen Formreiz dar, daß er auch ihr zwei Beine anhängte. Dieses Phänomen der »Bebeinung« von beliebigen Rundformen findet sich bei Josef S. häufiger, so hat er z. B. gelegentlich auch die Augenkreise seiner Kopffüßler mit Beinen versehen (s. Abb. 17).

Klinisches Beispiel: Augustin W.

Augustin W. wurde 1933 in Hagen/Westfalen als zweites von drei Kindern als Sohn eines Postbeamten geboren. Die Kindheit und frühe Jugend sollen harmonisch verlaufen sein, detaillierte Angaben liegen nicht vor. Geistes- oder Gemütskrankheiten in der Familie sind nicht bekannt geworden.

Er besuchte die Volksschule, anschließend die Realschule in Hagen. Hier entwickelte sich ungefähr ab dem 12. Lebensjahr ein starkes religiöses Interesse. Er beschloß schließlich, sich auf das Priesteramt vorzubereiten und wechselte mit 14 Jahren auf eine katholische Klosterschule (Internat) in der Eifel. Hier, so berichtet Augustin W., sei die Erziehung ganz streng religiös gewesen; täglich habe man morgens und abends an der Messe teilnehmen müssen, und er glaube, daß er hier seinen »Knacks« bekommen habe. Er habe sich in dieses religiöse

Klima voll hineingesteigert, im Unterricht sei er Primus gewesen. Religiös habe er total überzogen, und zwar aus vollster innerer Überzeugung heraus. Täglich habe er religiöse Sonderübungen abgeleistet, oft stundenlang bis zum körperlichen Zusammenbruch in der Kirche gebetet. Dadurch sei er in der Klosterschule immer mehr unangenehm aufgefallen. In der Obertertia sei er im Rahmen einer Mutprobe von Klassenkameraden zum Durchschwimmen eines Eifelmaares gezwungen worden. Auf halber Strecke habe er Todesängste bekommen und gelobt, jeden Tag drei Rosenkränze zu beten, falls er gerettet werde. Kurze Zeit später sei er von der Schule verwiesen und nach Hause geschickt worden.

Zu Hause in Hagen prägten sich schwerste Versündigungs- und Schuldängste aus. Ein Nervenarzt führte bei dem 17jährigen mehrere ambulante Elektroschockbehandlungen durch.

In der Folgezeit lebte Augustin W. bei den Eltern, arbeitete nur gelegentlich in Aushilfejobs. Schließlich entschloß er sich jedoch, das Abendgymnasium zu besuchen, 1958 bestand er das Abitur. Ein Jahr später begann er in Köln Latein und Geschichte zu studieren. Er brach das Studium jedoch kurz vor dem Philosophikum ab, »um dadurch eine Sühne zu begehen«. Wiederum arbeitete er mehrere Jahre nicht und lebte bei den Eltern in Hagen. Nebenher begann er, für Zeitungen Artikel zu schreiben und wurde schließlich im Jahre 1966 bei einer Hagener Zeitung als Redakteur angenommen.

Im Jahre 1969 heiratete er, aus der Ehe entstammen zwei Kinder. Von der Ehefrau ist zu erfahren, daß überwertige religiöse Vorstellungen, Versündigungsideen und Selbstvorwürfe stets fortbestanden haben, wenngleich in einer nur schwachen Ausprägung. Von Beginn der Ehe an spielten stets Ängste vor dem ehelichen sexuellen Kontakt eine wesentliche Rolle. Sie veranlaßten Augustin W. häufig zu intensivem Beten und zu selbstauferlegten Sühnemaßnahmen.

1971 übersiedelte die Familie nach Köln, wo Augustin W. ebenfalls wieder bei einer Tageszeitung beschäftigt war. Während dieser Zeit zeichnete er abends nach Dienst

häufiger, besonderes Talent hatte er für Karikaturen. Nebenher schrieb er u. a. ein Hörspiel, das zwischenzeitlich im Rundfunk gesendet wurde.

Anfang 1978 wurde Augustin W. psychisch zunehmend auffälliger, möglicherweise im Zusammenhang mit dem Ausbruch einer endogenen Psychose (manische Phase) bei seiner Ehefrau. Der religiöse Wahn, der all die Jahre hindurch unterschwellig fortbestanden hatte, exazerbierte, es traten massive Versündigungs- und Schuldängste auf. Er glaubte, daß alle Sünden der Welt durch ihn bedingt seien, daß er alle Morde und Folterungen der Welt mitbeginge. Wenn er einen Fehler beginge, einen Vorsatz nicht einhalte oder ähnliches, käme es zu Naturkatastrophen. Um Sühne zu tun und sich selbst zu erniedrigen, versuchte er mehrfach, nur mit einer Unterhose und Socken bekleidet auf die Straße zu laufen. Das Thema des »Durchschwimmens« tauchte wieder auf in dem Sühnewunsch, als schlechter Schwimmer den Rhein zu durchschwimmen.

Nachdem Augustin W. auch die Familie in seine Sühnehandlungen einzubeziehen versucht hatte, wurde schließlich eine stationäre psychiatrische Behandlung Anfang 1978 notwendig. Der Patient kam in die Rheinische Landesklinik Bonn, wo er sich seitdem, bei unterschiedlichem klinischem Status (geschlossene psychiatrische Station, Tagesklinik, gegenwärtig offene psychiatrische Aufnahmestation), befindet.

Zusammenfassend ist festzustellen, daß Augustin W. an einer paranoiden Form der Schizophrenie mit vorwiegend religiösen Inhalten leidet, die schleichend während der (Vor-) Pubertät begann. Lassen die Schilderungen anfangs noch an eine »Pubertätsaskese« denken, so zeigt der weitere, schubweise Verlauf mit den Remissionen, in denen es wohl zu keiner Restitutio ad integrum kam, den schizophrenen Prozeß. Aufgrund der Wahninhalte ist der Patient meist depressiv verstimmt, die affektive Schwingungsfähigkeit ist erheblich reduziert. Daneben bestehen deutliche Konzentrations- und Antriebsstörungen.

Unter einer hochdosierten neuroleptischen Therapie distanzierte er sich immer

Abb. 20 Augustin W. (farbige Tuschen auf Papier, 30 × 40 cm, 1977/78)

Abb. 21 Augustin W. (Bleistiftzeichnung auf Papier, 30 × 40 cm, 1979)

Abb. 22 Augustin W. (Pastellkreide auf Velourpapier, 38 × 46 cm, 1979)

nur vorübergehend von den Wahninhalten. Immer wieder kam es dazu, daß er sich Sühnehandlungen auferlegte, die einmal darin gipfelten, daß er sich sein Glied abzuschneiden versuchte.

Einen erheblichen Teil seiner Zeit in der Klinik verbrachte Augustin W. mit Zeichnen. Es entstanden fast ausschließlich Kopffüßlerdarstellungen. Die hier gezeigten Kopffüßlerzeichnungen entstanden 1978 und 1979 während des stationären Aufenthaltes. Die Zeichnungen wurden spontan, ohne jede äußere Anregung und Aufforderung, angefertigt.

Die Zeichnungen wurden anfänglich mit schwarzer Tusche ausgeführt. Mitte bis Ende 1978, als sich der psychische Zustand etwas stabilisiert hatte, tauchten vereinzelt klare, ungemischte Farben auf. Gerade zu

dieser Zeit finden sich überwiegend Arbeiten, auf denen sich Kopffüßler in zwei Gruppen gegenüberzustehen scheinen (Abb. 20).

Ende 1978/Anfang 1979 kehrte Augustin W. zu Schwarz-Weiß-Zeichnungen zurück, meist handelt es sich von nun an um Bleistiftzeichnungen. Mehr noch als zuvor wird sein außerordentlicher bildnerischer Erfindungsreichtum sichtbar. Skurrile, aus verschiedensten Einzelteilen konstruierte Wesen sind unregelmäßig über das Blatt verteilt oder in eine Landschaft hineingestellt (s. Abb. 20, 21, 22). Das Kopffüßlerschema wird jedoch auch bei diesen Figuren beibehalten. Eine Darstellung von Genitalien, wie dies von anderen Kopffüßlerdarstellungen durchaus bekannt ist (vgl. Abb. 12 u. 13), findet sich auf keinem dieser Blätter.

Nur sehr wenige Blätter vermitteln einen

neutralen oder gar beschwingten Eindruck, meist handelt es sich um ein bedrohliches Szenarium.

Besonders hervorzuheben, vor allem bei den Bleistiftzeichnungen, ist die zeichnerische Qualität, die diese Blätter von Kopffüßlerdarstellungen anderer Patienten, die lediglich Umrißformen zeichnen, deutlich abhebt (vgl. hierzu Abb. 14, 15, 16, 17).

Eine einmalige Ausnahme blieb der Rückgriff auf seine früher geübte Technik der Pastellkreidezeichnung auf Velourpapier (s. Abb. 22) im August 1979. Seitdem zeichnet Augustin W. kaum noch; der psychische Zustand hat sich trotz hoher neuroleptischer Medikation erneut verschlechtert. Augustin W. selbst schweigt sich zu seinen Arbeiten aus. Auf Fragen antwortet er ausweichend, meist jedoch mit einem schlichten: »Ich weiß nicht.« Deutungsangebote werden mit Schulterzucken, manchmal mit einem: »Kann sein, vielleicht«, beantwortet.

Die Zeichnungen des Augustin W. legen z. T. Zeugnis von einem nicht unwesentlichen zeichnerischen Können ab. Besonders die Bleistiftzeichnungen, erst recht die Pastellkreidezeichnung auf Velourpapier, erreichen ein zeichnerisches Niveau, das seinen früheren Arbeiten nicht nachsteht. Von einem Verlust zeichnerischer Fähigkeiten kann hier nicht gesprochen werden, wenngleich auch gewisse Schwankungen in der zeichnerischen Produktion zu erkennen sind.

Betrachten wir die Zeichnungen in ihrer Detailgenauigkeit, so scheint die Darstellungsweise für die Annahme zu sprechen, daß die Köpfe nicht – wie bei Kinderzeichnungen und wohl auch bei den allermeisten Zeichnungen anderer schizophrener Patienten – als »Kopf und Leib zugleich« aufgefaßt werden können! Vielmehr hat es den Anschein, als sei der Leib als »Corpus delicti«, als sündiger Teil des Menschen, eliminiert worden. Diese Annahme wird durch die anamnestischen Angaben (Selbstver-

stümmelungsversuch, erhebliche sexuelle Skrupel) gestützt. Wir können somit die Hypothese formulieren, daß wir in diesen hier vorliegenden Kopffüßlern eine symbolische Darstellung eines Teils der wahnhaften Gedankeninhalte von Augustin W. vor uns haben.

Da der Patient immer wieder spontan diese Figuren zeichnet, stellt sich die Frage, welche Funktion diese Figuren für ihn haben. Sehen wir diese Figuren als Selbstdarstellungen an (in Deutung auf der »Subjektstufe« nach *C. G. Jung*), so könnte diesen Figuren eine erhebliche entängstigende Wirkung zukommen. Dies insofern, als der Patient sich per Identifikation mit diesen seinen Figuren stets vor Augen führen kann, daß körperliche Sünde ihm gar nicht möglich ist. Andererseits könnte auch gefolgert werden, daß die Kopffüßler bereits das Ergebnis einer Sühnemaßnahme sind, einer gedanklichen Entleibung, einer Selbstverstümmelung, wie er sie auch real schon ausführen wollte.

Der Terminus »Regressionsphänomen« erscheint für diese Zeichnungen nicht angebracht, hier ist wohl eher – und darin unterscheiden sich diese Zeichnungen von den bisher gezeigten – von einer symbolisch-kreativen Leistung zu sprechen.

Klinisches Beispiel: Renate U.

Renate U. wurde 1959 in Köln als Tochter eines Gärtners geboren. Sie war das drittjüngste von fünf Geschwistern. Nach dem Besuch der Volksschule absolvierte sie eine Lehre als Bürogehilfin, bestand jedoch – wohl infolge ihrer nur mäßigen intellektuellen Begabung – die Abschlußprüfung nicht.

Ende 1979 erkrankte die Patientin vermutlich erstmalig an einer Schizophrenie. Sie berichtet nachträglich, sich damals ohne jeden Grund nervös, unruhig, unkonzentriert gefühlt zu haben. Gleichzeitig habe sie sich verfolgt gefühlt, Unbekannte hätten

»etwas von ihr gewollt«. Sie sei damals in die Klinik gegangen, dort habe man sie jedoch nicht aufgenommen, was sie noch nachträglich für falsch halte. Die Eltern berichten in diesem Zusammenhang, daß die damalige Episode 14 Tage gedauert habe, danach habe man sich wieder ganz normal mit der Tochter unterhalten können, sie habe keine Angst mehr vor Verfolgern gehabt.

Nach einem einjährigen Aufenthalt in Berlin, wo sie in verschiedenen Bürostellen arbeitete, übersiedelte sie nach Bonn und nahm eine Bürostelle in einem Bonner Ministerium an. Anläßlich der Einstellungsuntersuchung dort wurde eine leichte Schilddrüsenvergrößerung festgestellt. Bei einer ambulanten Untersuchung in der Medizinischen Poliklinik wirkte die Patientin den dort untersuchenden Ärzten fahrig, unkonzentriert, ängstlich gespannt. Sie wurde daraufhin in der Universitäts-Nervenklinik vorgestellt. Bei der stationären Aufnahme standen starke Konzentrationsstörungen ganz im Vordergrund, die Patientin war in ihrem

Abb. 23 Renate U. (Kugelschreiber auf Papier, DIN A 4, 1981)

Abb. 24 Renate U.
(Kugelschreiber auf
Papier, DIN A 4, 1981)

Gedankengang zerfahren, sie brach oft mitten im Satz ab, wußte ihn nicht mehr weiterzuführen: »Meine Gedanken sind durcheinander, das liegt an den Augen. Sehe ich sie rechts an, sehe ich links nichts mehr, umgekehrt ist es genauso. Das liegt an dem Schlag mit den Fäusten, da war ich zwei oder drei Jahre alt. Sie können ja Arzt sein, aber auch . . . (Gedankenabriß). Seit ein paar Tagen bin ich ruhiger geworden, ich sehe die Dinge anders, einmal ernst, dann wieder nicht ernst. Mein Problem ist die Wahrheit zu unterscheiden. Sie sagen, Sie sind Arzt, der Kittel ist da, es ist eigentlich . . . (Gedankenabriß).«

Darüber hinaus äußerte die Patientin eine Vielzahl von Wahneinfällen. So gab sie z. B. an, ganz genau zu wissen, mit acht oder neun Jahren sterilisiert worden zu sein. Auch äußerte sie Verfolgungsängste, dem Wechsel ihrer Zigarettensorte maß sie Bedeutung für ihre Sicherheit bei.

Drei Wochen nach der stationären Aufnahme (unter einer relativ niedrig dosierten neuroleptischen Therapie) bat die Patientin eines Tages um Papier und Kugelschreiber, um zu zeichnen. Der psychische Zustand hatte sich zu diesem Zeitpunkt noch nicht wesentlich gebessert. Die entstandene Zeichnung, die sehr zerfahren wirkt (s.

Abb. 23), zeigt u. a. eine – zeichnerisch sehr schlichte – Kopffüßlerfigur. Die Strichführung insgesamt wirkt unsicher, zittrig. Eine Gesamtkomposition oder ein Bildaufbau ist nicht zu erkennen.

Drei Wochen später war die Patientin psychisch bereits wieder soweit stabilisiert, daß – auf ihren drängenden Wunsch hin – ein Arbeitsversuch am Arbeitsplatz unternommen wurde und die Patientin nur noch im Nachtklinikstatus in der Klinik verblieb. Zu dieser Zeit wurde von ihr auf meine Bitte hin, einen Menschen zu zeichnen, das zweite Bild (s. Abb. 24) angefertigt. Gegenüber der ersten Zeichnung ist von einem enormen Fortschritt zu sprechen, wenngleich erhebliche Mängel in der Darstellung auffallen. So ist die Figur insgesamt unvollendet, es bestehen erhebliche Disproportionierungen der Arme sowie der Hand.

Dieses Beispiel erscheint geeignet, die Parallelität zwischen klinischem Verlauf der Erkrankung und den damit korrespondierenden Änderungen der Zeichenfähigkeit bei akuten schizophrenen Erkrankungen zu demonstrieren (weitere Beispiele hierzu s. bei *Bader, Navratil*, 1976).

Abb. 25 Peter P. (Wachskreiden auf Papier, 31 × 45 cm, 1981)

Klinisches Beispiel: Peter P.

Peter P. wurde 1954 als Sohn eines Beamten geboren. Da er ein guter Schüler war, schickten seine Eltern ihn auf das Gymnasium. In der Quarta (7. Klasse) kam es zu einem deutlichen Leistungsknick, nach zweimaligem Sitzenbleiben schaffte er nur noch mit Mühe das Abitur. 1974 begann er sein Studium der Völkerkunde, besuchte jedoch schon bald keine Vorlesungen mehr. Etwa 1975 begann er Haschisch zu rauchen, nahm gelegentlich auch LSD. Er kapselte sich immer mehr ab, war viel allein und litt darunter. So stahl er zum Beispiel 1977 am Tage seines Geburtstages in einem Geschäft eine Schallplatte, nur um Aufmerksamkeit zu erregen, da er sich so einsam fühlte.

1978 erfolgte die erste stationäre Behandlung. Der Patient traute sich zu dieser Zeit kaum aus dem Haus, »weil die Umwelt atmosphärischen Einfluß auf mich hat«. Er berichtete ferner, daß er manchmal das Gefühl habe, etwas Besonderes zu sein. In den letzten Jahren sei er ein anderer Mensch geworden. Er sei inaktiv geworden und habe für nichts mehr Interesse, er könne einfach nur so rumstehen. Er sei in allem sehr unsicher und wisse nicht, wie er sich körperlich bewegen solle, ständig müsse er auf sich achten. Sein Kopf fühle sich dauernd heiß an, er wisse nicht, was für eine Rolle er bisher gespielt habe. Er könne und er würde gerne viele Rollen spielen. Er habe Angst, so zu sein, wie er sei. Er wolle gern ein kleines Kind sein, eigentlich sei er auch ein Kind. Er könne sich aber über nichts mehr richtig freuen, er sei nur ein Traumwandler, der durch das Leben gehe. In der letzten Zeit sei er recht traurig gewesen.

Diese Angaben waren erst im Verlauf mehrerer Gespräche zu erhalten, im Erstgespräch selber wirkte er hingegen verschlossen, war in sich gekehrt, im Antrieb ohne jeden Schwung. Er lächelte häufig unmotiviert, wirkte dabei insgesamt flach euphorisch. Im Gespräch war er sprunghaft, wechselte häufig das Thema oder brach abrupt mitten im Satz ab. Ein durchgehender Gesprächs- und affektiver Kontakt war erst nach einer längerfristigen Behandlung möglich.

Nach der stationären Behandlung nahm der Patient sein Studium nicht wieder auf, sondern verdiente sich seinen Lebensunterhalt durch Aushilfejobs. Während dieser Zeit war er auf ein sog. »Depot-Neuroleptikum« (die zur ambulanten Behandlung schizophrener Psychosen über Jahre hinweg gegeben werden) eingestellt. Nachdem er jedoch im Sommer 1980 einen Zeitungsartikel gelesen hatte, in dem die Gefährlichkeit von Psychopharmaka beschrieben worden war, nahm er seine Tabletten nur noch unregelmäßig, setzte sie schließlich ganz ab. Er wurde daraufhin zunehmend unruhig und umtriebig, es stellten sich massive Schlafstörungen ein. Der Patient begab sich auf eigenen Wunsch erneut in stationäre Behandlung. Am Aufnahmetag stürzte er im Laufschritt auf die Station und berichtete als erstes, er fühle sich unheimlich stark, habe tags zuvor einen Klimmzug am Türrahmen gemacht, dann einen Salto-Absprung versucht und sei dabei aufs Gesicht gefallen, daher habe er sich jetzt den Schädel zerbrochen. Er habe das kosmische Bewußtsein, sein Großvater sei einen Tag vor seinem eigenen Geburtstag extra seinetwegen verstorben, um ihn zu beeinflussen und seine Seele ihm zu übertragen. Eine weitere geordnete Exploration war – wie schon bei der ersten stationären Aufnahme – wegen der Denkzerfahrenheit und der psychomotorischen Erregung des Patienten nicht möglich.

Zusammenfassend ist von einer Erkrankung aus dem schizophrenen Formenkreis (vorwiegend sogenannter hebephrener Verlaufstypen) zu sprechen, die zum Zeitpunkt der zweiten stationären Aufnahme bereits für einen Zeitraum von ca. zehn Jahren anzunehmen war (s. Leistungsknick in der 7. Klasse).

Bei beiden stationären Aufenthalten zeichnete der Patient immer wieder spontan, seltener in der Beschäftigungstherapie der Klinik. Die hier gezeigte Wachskreidezeichnung entstand während des zweiten stationären Aufenthaltes im Dezember 1980 (s. Abb. 25). Das Kopffüßlerschema ist für manchen Betrachter vielleicht nicht auf den ersten Blick zu erkennen. Dies liegt an der für die Bilder schizophrener Patienten oft so typischen »Kontaminierung«. Darunter verstehen wir die Verschmelzung von zwei oder mehr verschiedenen Worten, Begriffen oder Bildern zu einem einzigen neuen. In der Psychopathologie ist dies bekannt als Versprecher, als Verdichtungsphänomen im Traum, aber eben auch als ein Symptom der Schizophrenie. Ein einfaches Beispiel aus dem normalpsychologischen Bereich gibt *Peters* (1977): »In einem Park in Kiel steht eine Aktfigur von ausladenden Ausmaßen, die im Volksmund ›Venus von Kielo‹ heißt; Kontamination aus Kiel–Milo–Kilo.« Im Prinzip das gleiche Phänomen können wir auf der vorliegenden Zeichnung erkennen: Blume, Gesicht und Kopffüßlerschema sind zusammengefaßt worden, dabei sind die »Füße« der Figur wiederum als Blumen dargestellt.

Bereits bei Augustin W. haben wir dieses Phänomen – z. T. in sehr skurriler Form – beobachten können, sind jedoch in diesem Zusammenhang nicht näher darauf eingegangen, weil andere Gesichtspunkte im Vordergrund der Überlegungen standen. Zeichnerische Kontaminationen sind vorzugsweise bei chronisch schizophren erkrankten Patienten zu beobachten. Im Zwischenbereich von Kunst und Psychopathologie ist in diesem Zusammenhang besonders auf die Zeichnungen des im Kunsthandel hoch geschätzten *Friedrich Schröder-Sonnenstern* hinzuweisen (s. Abb. 54).

2.6.5 Therapeutische Aspekte

Die bisherigen Ausführungen ermöglichen uns abschließend auch einige Überlegungen zur Therapie schizophrener Psychosen. Diese ist, allen unterschiedlichen Lehrmeinungen zum Trotz, weltweit ganz überwiegend eine medikamentöse. Im Rahmen unseres Themenkomplexes – der Kopffüßler –, der in die Beschäftigungs- wie auch Gestaltungstherapie mit ihren vielfältigen Möglichkeiten zur Verarbeitung einerseits wie auch Aufarbeitung seelischer Konflikte andererseits hineinreicht, tritt nun auch die Frage nach der Stellung der Psychotherapie in der Behandlung der Schizophrenie auf.

Unbestritten ist der Wert einer »supportiven Psychotherapie« zur Bewältigung des psychotischen Erlebens und zur Wiedereingliederung in die Gesellschaft. Ganz allgemein die größten Heilungschancen in einer Auflösung angeblich kausaler Konflikte zu sehen, erscheint angesichts der Ergebnisse genetischer Forschungen als verfehlt, sofern es sich nicht ganz oder weit überwiegend um Erkrankungen handelt, die dem psychogenen Pol des Erkrankungsspektrums zuneigen. Daraus ergibt sich aber auch, daß eine Begrenzung auf eine rein supportive, stützende Psychotherapie eine unzulässige Beschneidung psychotherapeutischer Möglichkeiten wäre. Ansätze für eine aufdeckende Psychotherapie unter Anerkenntnis einer genetischen Komponente ergeben sich

1. weil die Psychose ihre Wahn- und Halluzinationsthemen aus der jeweiligen Psychogenese, den jeweiligen »Komplexen« des Individuums nimmt. Das Unverständliche, Fremde, kann dem Patienten als Teil seiner Selbst, als ihm zugehörig nahegebracht werden;
2. weil bisherige Abwehrmechanismen möglicherweise nicht mehr ausreichten, Ängste zu binden, diese stetig anflutenden Ängste schließlich den – genetisch determinierten, jedoch bislang inaktiven – psychotischen Prozeß in Gang setzten.

Die Bearbeitung dieser Ängste, im günstigen Falle ihrer Auflösung, könnte dann zu einem Abklingen der Psychose führen. ». . . ist nicht daran zu zweifeln, daß eine schizophrene Psychose sich unter rein psychischen und auch psychotherapeutischen Einflüssen wieder vollständig auflösen kann. Auch in einigen eigenen Beobachtungen, bei denen die Psychose bei täglichen therapeutischen Gesprächen innerhalb von Wochen in sich zusammenbrach, blieben die Patienten dauerhaft geheilt« (*Huber, Gross* 1977).

Eine derartige Psychotherapie muß natürlich äußerst behutsam geschehen, da ein abruptes Bewußtmachen bislang unbewußter Gedankeninhalte zu starken Ängsten führen kann, die Therapie so also ihr Gegenteil erreichen würde, nämlich eine Verstärkung der Psychose. »Von den analytischen Ansätzen wird das von *Paul Federn* entwickelte Konzept den neueren Befunden am ehesten gerecht. Seine Empfehlungen berücksichtigen die – in den Basisdefizienzen begründete – erhöhte Vulnerabilität der Patienten: Provoziere nichts; sei nicht zu aktiv; suche nicht den Grundkonflikt allzu energisch aufzuklären; bezwinge Dein psychoanalytisches Interesse und Begierde, ganz zu verstehen« (*Huber, Zerbin-Rüdin* 1979).

Unsere Überlegungen zu *Karl Brendel* und *Augustin W.* verweisen auf eine mögliche Psychodynamik der bildnerischen Symbolik und könnten damit Hinweise geben für therapeutische Gespräche. Inwieweit diese für einen Heilungsprozeß fruchtbar gemacht werden können, muß jeweils am Einzelbeispiel geprüft werden. Demgegenüber hat es bei *Oswald Tschirtner* und *Josef S.* nicht den Anschein, als ergäben sich aus den Zeichnungen heraus inhaltliche Ansätze für weitere Gespräche. Es darf aber auch hier nicht der allgemein positive Aspekt des Zeichnens und Malens übersehen werden, der darin liegt, daß die Patienten überhaupt einmal hier eine Möglichkeit haben, sich auszudrücken und ggf. auch ihre Ausdrucksfähigkeit (wieder) zu erweitern (s. *Oswald Tschirtner*). Gerade der Gesichtspunkt des schrittweisen Ausbaus der Gestaltungsfähigkeit im Sinne der Kompensation der Krankheitsdefizienzen ist sehr gut in ein Gesamtbehandlungskonzept der Schizophrenie einzubeziehen (vgl. 2.6.3). *Alfred Bader* und *Leo Navratil* haben auf diesem Gebiet Vorbildliches geleistet. Ob man allerdings so weit gehen sollte, von »Kunst-Therapie« zu sprechen, erscheint aufgrund der schon mehrfach diskutierten Überlegungen fraglich, die schlichtere Bezeichnung »Gestaltungs-Therapie« dürfte wohl zutreffender sein. »Kunst« entsteht – wie bei allen malenden Laien und selbst bei vielen sogenannten Künstlern – eher selten. Eine Therapie nach den gelegentlichen, äußerst seltenen Ausnahmeergebnissen zu benennen, erscheint wenig überzeugend.

2.7 Darstellungen manischer und depressiver Patienten

Neben der Gruppe der Schizophrenien sind die Zyklothymien die zweite große Gruppe der sogenannten »endogenen« Erkrankungen. Die Zyklothymien sind einerseits charakterisiert durch ihre Symptomatik, und zwar abnorme Verstimmungen, die sich in zwei entgegengesetzten Richtungen äußern können: Als Melancholie (Depression) und als Manie. Ein weiteres Merkmal ist der typische Verlauf in jeweils deutlich abgesetzten Phasen; ein kaum merkliches Beginnen und langsames Fortschreiten der Erkrankung, wie es im Rahmen einer Schizophrenie vorkommen kann, findet sich bei den Zyklothymien nicht. Auch im weiteren Verlauf unterscheiden sich Zyklothymien von der Gruppe der Schizophrenien dadurch, daß in den weitaus meisten Fällen eine vollständige Remission einer jeden solchen Krankheitsphase eintritt, wesentliche Persönlichkeitsveränderungen bleiben – von Ausnahmen und Übergängen zur Schizophrenie abgesehen – nicht zurück.

Von anderen, z.B. reaktiven Depressionen unterscheidet sich die endogene Depression durchaus in ihrer Symptomatik. Die melancholische Gestimmtheit ist eben nicht das gleiche, nicht einmal etwas Ähnliches wie die Traurigkeit des Gesunden. Die Patienten leiden geradezu darunter, seelischen Schmerz nicht empfinden zu können, fühlen sich eher leer, versteinert, innerlich tot. So ist z.B. auch das Weinen, ein ansonsten übliches Zeichen des Traurigseins, im Rahmen einer endogenen Depression eher selten zu beobachten. Der Melancholische ist nicht »ver«-stimmt, sondern »herab«-gestimmt.

Der Patient erlebt seine Stimmungsänderung häufig nicht als Krankheit, nicht als Unglück, Schicksal usw., sondern als persönlich verschuldetes Versagen und Versäumnis. Eine Krankheitseinsicht besteht während der Erkrankungsphase nicht, viele Patienten halten sich für schlecht und nichtig, für Versager. Oft besteht auch ein Verschuldungs- oder Versündigungswahn. So kann ein altes Schuldempfinden, das in der Zwischenzeit nicht mehr im Bewußtsein stand oder zumindest nicht quälend erlebt wurde, in der depressiven Phase erneut aktualisiert werden.

Die Zusammenfassung der manischen und depressiven Psychosen zu einer Krankheitseinheit, dem manisch-depressiven Irresein, erfolgte durch *E. Kraepelin*, da beide bei ein und derselben Person vorkommen können. Später bürgerte sich der Begriff »Zyklothymie« ein.

Der »klassische« stete Wandel manischer und depressiver Phasen findet sich nur bei ca. einem Fünftel der Patienten, Erkrankungen mit ausschließlich depressiven Phasen sind mit knapp zwei Dritteln die häufigsten.

Zur Herkunft der Erkrankung gelten im wesentlichen die gleichen Überlegungen, wie sie zu den Schizophrenien bereits mitgeteilt wurden (vgl. 2.6.1).

Es dürfte leicht einsehbar sein, daß depressive Kranke nur schwer zum Zeichnen bewegt werden können, besonders am Anfang der Behandlung, wenn die allgemeine Hemmung und das Gefühl der Leere noch ganz im Vordergrund stehen. So berichtet z.B. auch *Marinow* (1964), daß fast alle seine Patientinnen sich geweigert hätten zu zeichnen, unter ihnen eine mit den Worten: »Aber, Herr Doktor, warum muß ich das tun . . . ich kann nicht zeichnen, bitte, lassen Sie mich gehen . . .«

In mancher Hinsicht das Gegenstück zur Melancholie, wenn auch nicht ihr Spiegelbild, ist die Manie, die durch gehobene Stimmung, gesteigerten Antrieb und Ideenflucht gekennzeichnet ist. Manche Maniker sind ausgelassen, fröhlich und witzig, andere sind vorwiegend gereizt, anspruchsvoll, streitsüchtig und aggressiv. Immer besteht ein Überschuß an Affekt. Die Antriebssteigerung kann enorme Ausmaße erreichen, so daß der Kranke für seine Umgebung nur schwer zu ertragen ist. Die Antriebssteigerung führt jedoch nicht zu zielgerichteten Aktivitäten, zu einer konstruktiven Arbeit ist der Patient gerade aufgrund seiner Ideenflucht nicht fähig.

Eher als einen depressiven Patienten wird man einen manischen dazu anhalten können, eine Zeichnung anzufertigen, sofern er nicht »zu beschäftigt ist«. Eine sauber und differenziert ausgearbeitete Zeichnung wird kaum je zu erhalten sein, eher eine größere Anzahl skizzenartiger Zeichnungen.

Eine aufschlußreiche Bildserie, angefertigt von einem manischen Patienten, publizierten *Bader* und *Navratil* (1976). Der Patient war zum Zeitpunkt der ersten Zeichnung ideenflüchtig, verwirrt, in gehobener Stimmung, zeitweilig jedoch auch zornig erregt. Es wurde ihm die Aufgabe gestellt, einen Menschen zu zeichnen. Sein Entwurf war jedoch derartig groß angelegt, daß bereits das Profil das gesamte Blatt ausfüllte. Nach mehrtägiger neuroleptischer Behandlung entstand bei im wesentlichen

Abb. 26 Kopffüßlerzeichnung eines manischen Patienten (aus *Bader, A., Navratil, L.:* Zwischen Wahn und Wirklichkeit. C. J. Bucher, Luzern/Frankfurt 1976)

unverändertem psychopathologischem Bild die uns besonders interessierende zweite Zeichnung (s. Abb. 26). Der Patient kam offensichtlich der Aufforderung, einen Menschen zu zeichnen, unter Rückgriff auf das Kopffüßlerschema nach, was hier als eine Notlösung infolge mangelhafter Blattaufteilung imponiert. Das Blatt erscheint wie ein Kompromiß zwischen dem schwungvollen (manischen) Entwurf und der gestellten Aufgabe.

Auffällig in den Zeichnungen depressiver Patienten sind demgegenüber kleine Figuren, die häufig randständig plaziert werden; es werden auch nur wenige Details gezeichnet, die Linien sind zart, werden ohne jeden Druck aufs Papier gebracht, Schattierungen fehlen meistens.

Die gängige Vermutung, dunkle Farbtöne würden bevorzugt, fand *Vetter* (1967) nicht bestätigt. Im Gegenteil wurden in seiner Untersuchung gerade Farben wie gelb und lindgrün verwendet, was durch eigene Erfahrungen zu bestätigen ist. Zu fragen wäre, ob innerhalb der Gruppe depressiver Patienten Unterschiede dahingehend bestehen, daß es die Patienten mit einer depressiven Neurose oder auch einer depressiven Reaktion sind, die zu den dunklen Farben greifen, nicht jedoch die Patienten mit einer sogenannten endogenen Depression. Dieser Frage ist bislang nicht nachgegangen worden.

Als weitere Auffälligkeiten werden die Tendenz zur Symmetriebetonung und Geometrisierung genannt. Geometrisierung kann als Formvereinfachung verstanden werden, das heißt komplizierte empirische Formen werden nach dem Geometrischen hin vereinfacht (Kreis, Quadrat, Dreieck). Mit der Geometrisierung ist oft eine extreme Symmetriebetonung verbunden, die einem Bedürfnis nach Ausgewogenheit entsprechen könnte. Beide Formen der Vereinfachung ziehen eine starke Schematisierung nach sich. Die Zeichnungen muten daher meist starr und bewegungslos an. Überhaupt fehlen in der akuten Krankheitsphase Bewegungsdarstellungen. Häufig sind ferner Formfindungsstörungen zu beobachten; so gelingt es dem Depressiven oft nicht, zwei Konturen in ein bestimmtes beabsichtigtes Verhältnis zueinander zu setzen.

Galten alle diese bildnerischen Zeichen für die akute depressive Phase, so zeigt sich die klinische Besserung – wie nicht anders zu erwarten – zum Beispiel in einer zunehmenden Vergrößerung und Vervollständigung der Figuren sowie auch in einem Breiter- und Kräftigerwerden des Strichs. Auch die Farbwahl erscheint nun wieder adäquater,

1

2

3

4

5

Abb. 27 Bildserie einer depressiven Patientin (aus *Marinow, A.:* Depression – Behandlung mit Tofranil im Hinblick auf den Zeichenversuch. Conf. Psychiat. 7 [1964] 85–94)

Flächen werden meist wieder ausgefüllt.

Bemerkenswert ist, daß der Wandel in der zeichnerischen Gestaltung häufig dem klinisch sichtbaren Wandel im Krankheitszustand vorausgeht, diesen also ankündigt! Dies gilt sowohl für eine Verbesserung wie auch Verschlechterung und hat speziell für letztere dann gegebenenfalls auch erhebliche praktische Bedeutung.

A. Marinow (1964) verdanken wir die Bildserie einer depressiven Patientin. Im Rahmen der Therapiekontrolle wurde die Patientin zu Beginn wie auch im Verlauf ihrer Erkrankung mehrfach gebeten, eine Zeichnung anzufertigen.

Klinisches Beispiel: depressive Patientin

Die 50jährige, geschiedene Frau leidet an einer manisch-depressiven Psychose. Die depressive Phase, die zur stationären Aufnahme führte, begann im März 1962; die Patientin fühlte sich in ihrer Stimmung gedrückt, klagte darüber, daß nichts mehr im Leben sie freue. Sie vernachlässigte ihre Arbeit, konnte zunehmend schlechter schlafen. Schließlich äußerte sie auch den Wunsch zu sterben, Selbstmordgedanken wurden jedoch nicht geäußert.

Im Krankenhaus zeigte sie sich – besonders in den Morgenstunden – gespannt und traurig, »konnte jedoch nicht weinen«. Insgesamt war von einer deutlichen psychomotorischen Hemmung zu sprechen. An einer Beschäftigungs- oder Arbeitstherapie nahm sie nicht teil. Ihre vorgebrachten Klagen enthielten viele hypochondrische Ängste, jedoch waren wahnhafte Gedankeninhalte, Versündigungs- oder Verarmungsideen nicht festzustellen.

Die Behandlung wurde mit 2mal 1 Ampulle Imipramin täglich eingeleitet. Nach drei Tagen wurde eine Tagesdosis von 2mal 2 Ampullen erreicht, die im Laufe der dreiwöchigen Behandlung unverändert beibehalten wurde. Unter dieser Behandlung besserte sich die Stimmung und die Aktivität der Patientin deutlich.

Die Patientin wurde mehrmals gebeten, eine männliche und eine weibliche Figur zu zeichnen. Die in Abb. 27 wiedergegebene Bildserie beginnt mit zwei Kopffüßlerdarstellungen, die vor der Aufnahme der medikamentösen Behandlung angefertigt wurden (1). Gerade der linke der beiden Kopffüßler ist äußerst reduziert, ihm fehlen Gesicht, Arme, die Beine sind nicht direkt am Kopfgebilde angesetzt. Beim rechten Kopffüßler zeigt sich, was für eine Regression auf dieses bildnerische Stadium schon häufig dargestellt wurde, daß die Arme im oberen Drittel der Beine angesetzt werden.

Die nächsten beiden Zeichnungen (2) entstanden am dritten Behandlungstag, ganz unzweifelhaft ist von einer geglückteren Lösung der gestellten Aufgabe zu sprechen. Die Gesichter sind mittels Punkt und Strich dargestellt, die Körper haben Volumen, wenngleich auch dies bei der rechten Figur nur angedeutet ist durch zwei waagerechte Striche bei sonst beibehaltenem Kopffüßlerschema. In den folgenden Zeichnungen bessert sich die Strichstärke, es kommen weitere Details (Finger, Kleidung) hinzu, Arme und Beine werden nicht mehr nur als Striche, sondern als plastische Gebilde dargestellt (vierter, sechster Behandlungstag). Am 20. Behandlungstag ist von einem weiteren Fortschritt zu sprechen. Es werden Augenbrauen gezeichnet, Ohren, die richtige Anzahl von Fingern, die Darstellung der Kleidung ist differenzierter geworden. Auffällig bleibt, daß die Darstellung des Mannes

weiterhin stark noch an das Kopffüßlerschema angelehnt ist (5).

2.8 Darstellungen bei hirnorganisch gestörten Patienten mit vorwiegend neurologischer Symptomatik

Wir haben uns bei unseren bisherigen Ausführungen zur Psychopathologie bereits zu einem großen Teil auf hirnorganische Erkrankungen bezogen; dabei standen jedoch stets die psychischen Auffälligkeiten ganz im Vordergrund der Betrachtung. Zwar ist das körperliche Geschehen nicht vom seelischen zu trennen, hier jedoch soll das Schwergewicht auf die körperliche Erkrankung gelegt werden mit ihren neurologischen Ausfällen und den dadurch bedingten Auffälligkeiten in der graphischen Gestaltung.

Die uns interessierende Zeichenfähigkeit kann bei hirnorganischen Erkrankungen erheblich gestört sein, was einerseits einem hirnorganisch bedingten, umfassenden Leistungsverlust entsprechen kann oder andererseits Ausdruck einer umschriebenen, charakterisierbaren Störung in Abhängigkeit von der Lokalisation des Krankheitsprozesses sein kann. Die Lage einer hirnorganischen Substratschädigung ist entscheidend für Art und Ausmaß der Zeichenstörung. Schon lange sind Auffälligkeiten im Zeichenbild bei Kleinhirnerkrankungen (»Megalographie«) und den Hirnstammerkrankungen – speziell beim Morbus *Parkinson* – (»Mikrographie«) bekannt (vgl. *Sayk* 1964, *Mertens* und *Fischer* 1958).

Eine große Bedeutung für die graphische Funktion besitzt auch das Okzipitalhirn (Hinterhaupthirn), bei dessen Erkrankungen – vor allem, wenn die rechte Hirnhälfte betroffen ist – über

Abb. 28 Kopffüßlerdarstellung eines »Schlaganfall«-Patienten (aus *Navratil, L., Pongratz, P.*: Der Mensch – Psychopathologische Zeichnungen. Aus der II. Psychiatrischen Abteilung des Niederösterreichischen Landeskrankenhauses, Klosterneuburg)

den reinen Gesichtsfelddefekt hinaus einseitige Vernachlässigungen in den Handzeichnungen auftreten. Der Defekt in den Zeichnungen ist anfangs durch den kontralateral zum Herd nachweisbaren Wegfall aller Strukturen charakterisiert. Dieses strukturelle »neglect« pflegt sich im Laufe der Zeit zurückzubilden (Kasuistik und Literatur s. bei *Suchenwirth* 1967).

Je nach Art und Ausmaß der hirnorganischen Störungen sind bei Darstellungen der menschlichen Figur auch Kopffüßlerzeichnungen zu erwarten. Da diese Patientengruppe aus eigenem Antrieb heraus kaum zu spontanen graphischen Äußerungen neigt und andererseits – über gelegentliche testpsychologische Fragestellungen hinaus – bisher auch ärztlicher- und psychologischerseits kaum Interesse bestand, sind Mitteilungen zu unserem speziellen The-

mengebiet äußerst spärlich. Ein Beispiel veröffentlichten *Navratil* und *Pongraz*. Es handelt sich um die Zeichnung (s. Abb. 28) eines an einem »Schlaganfall« erkrankten Patienten. Bei dieser Erkrankung kommt es entweder infolge einer Blutung oder des Gegenteils, eines Gefäßverschlusses, zur Gewebsschädigung einer Hirnhälfte mit dadurch bedingten neurologischen Störungen, bei ausgeprägten Krankheitsfällen in Form einer spastischen Halbseitenlähmung auf der Gegenseite (z. B. linkshirnige Blutung mit rechtsseitiger spastischer Körperlähmung). Nähere Angaben zur Person, zur Erkrankung und den näheren Umständen, unter denen diese Zeichnung entstanden ist, existieren nicht.

2.9 Zeichnungen neurotischer Patienten, Bilder des Konflikts

Bei der Besprechung der Darstellungen retardierter Jugendlicher wurde bereits auf psychische Faktoren verwiesen; hieran anknüpfend wollen wir uns zum Abschluß des Kapitels mit den seelischen Konflikten und ihrem bildnerischen Ausdruck im Erwachsenenalter beschäftigen.

Konflikte gehören zum Alltag. Aus psychoanalytischer Sicht spricht man von einem Konflikt, wenn sich in einem Menschen zwei (oder mehr) gegensätzliche Forderungen gegenüberstehen, gemeint ist also ein innerer Konflikt. Dieser Konflikt wird im allgemeinen bewußt sein, der Betroffene wird versuchen, zu einer Lösung zu gelangen, eine Entscheidung zu fällen. Ein bedrängender, ängstigender innerer Konflikt (z. B. zwischen einem Triebwunsch [Es] und einer dessen Realisierung verbietenden Moralvorstellung [Über-Ich] bzw. der Realität) kann jedoch auch aus dem Bewußtsein verdrängt werden und dann sekundär in entstellter Form in Symptombildungen, Verhaltensstörungen, Charakterstörungen usw. zum Ausdruck kommen. So stellt sich uns der Begriff des Konflikts als zentraler Begriff der Neurosenentstehung dar. Die Symptome der Neurosen (in der Trias von Hysterie, Phobie und Zwangsneurose) können als symbolischer Ausdruck des inneren, des psychischen Konflikts aufgefaßt werden. Der zugrundeliegende Konflikt ist dem Neurotiker nicht mehr zugänglich. Statt zu einer realen Lösung ist es zu einer »unteroptimalen Scheinlösung« des Konflikts, eben dem neurotischen Symptom, gekommen. Für die große Zahl der Versagenszustände, »Angstneuro-

Abb. 29 »Der Angst ins Auge schauen«. Kopffüßlerdarstellung einer neurotischen Patientin, Wasserfarben auf Papier. (Aus *Franzke, E.:* Der Mensch und sein Gestaltungserleben. Hans Huber, Bern/Stuttgart/Wien 1977)

sen« usw. sowie auch der psychosomatischen Krankheiten gelten vergleichbare Überlegungen.

In der psychoanalytischen Therapie wird nun versucht, den ursprünglichen, nicht gelösten Konflikt zu rekonstruieren und durchzuarbeiten. Als Methode dienen im wesentlichen die sogenannten »freien Assoziationen« sowie Traumberichte (die »via regia« zum Unbewußten). Daneben haben sich auch bildnerische Darstellungen hilfreich erwiesen. Insbesondere *C. G. Jung* und seine Schüler haben sich intensiv um das »Bilderreich der Seele« (*J. Jacobi* 1969) gekümmert.

Die Gestaltungstherapie erweist sich häufig als ein guter Einstieg in die verbalen Psychotherapieformen bzw. begleitet diese als ständige Quelle neuen psychogenetischen Materials einerseits sowie Möglichkeit zur nonverbalen »Bearbeitung« bewußtgewordener Konflikte andererseits. Gerade weil die meisten Erwachsenen so ungeübt in graphischen Techniken und Handhabungen sind (ein Verstecken wie hinter geschliffenen Wortfassaden nicht möglich ist), entstehen oft sehr direkte, ungekünstelte, das Wesentliche der momentanen Konflikte darstellende Zeichnungen, Bilder, Plastiken usw.

Die Gestaltungstherapie umfaßt das Gesamtgebiet der Psychotherapie und läßt sich hier in ihrem Umfang nicht darstellen (Übersichten s. bei *Franzke* 1977, *Maass* 1964, *Jacobi* 1960).

Zu unserem engeren Themengebiet, den Kopffüßlern, findet sich in dieser Patientengruppe nur wenig Material. Die Arbeiten entsprechen trotz ihrer Unbeholfenheit einem höherentwickelten gestalterischen Niveau. Dies macht gleichzeitig verständlich, daß die Bilder auf den Betrachter meist auch nicht so originell, so »künstlerisch« wirken wie eine Vielzahl kindlicher Zeichnungen

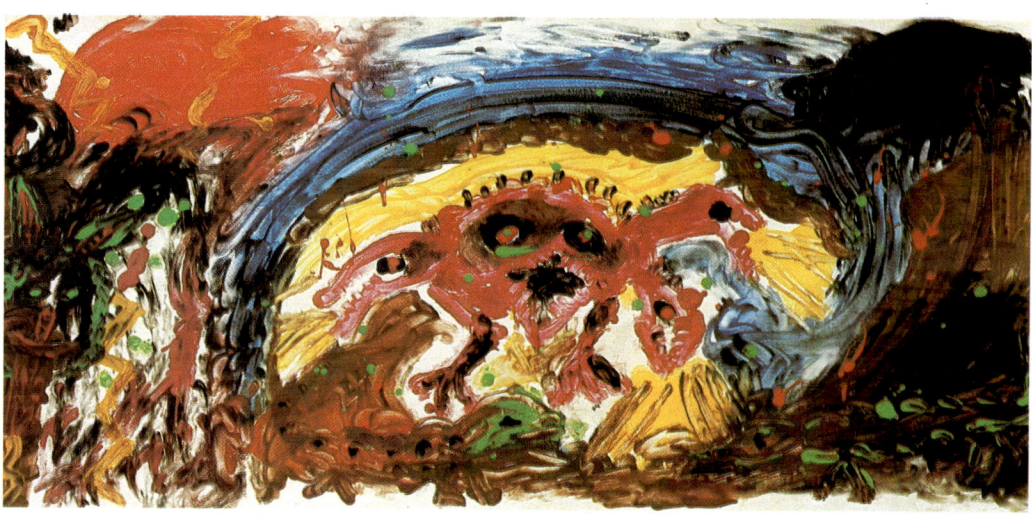

Abb. 30 Spontan entstandene Kopffüßler-Darstellung während eines TZI-Fortbildungskurses (Fingerfarben, 125 × 55 cm)

(Phase des Kritzelns und des kindlichen Realismus) sowie der Bilder schizophrener Patienten. Sie sind weniger »formalisiert« als letztere (bzw. weniger chaotisch als die Arbeiten schizophrener Patienten in der akuten Erkrankungsphase), dafür *voll von Inhalten«. Die inhaltlichen Aspekte wechseln schnell, parallel zur Aufarbeitung der psychischen Konflikte.*

Ein Beispiel für eine Kopffüßlerdarstellung, die diese Unterschiede deutlich macht, verdanken wir *E. Franzke;* er vermittelt uns zugleich einen Eindruck in die Möglichkeiten des Umgangs mit dem gestalteten Material.

Klinisches Beispiel:
neurotische Patientin

E. Franzke berichtet von einer 36jährigen Frau, die seit Jahren an – z. T. phobischen – Angstzuständen litt. Die Patientin brachte während ihrer stationären psychotherapeutischen Behandlung eine Darstellung ihrer Angst (Abb. 29) in die Gruppentherapiestunde mit. »Sie beschreibt ihr völliges Ausgeliefertsein an das sie von hinten umgrei-

fende Ungeheuer. Sie habe es nie gewagt, ihrer Angst zu begegnen, aber etwa so fürchterlich könnte diese aussehen. Einige Gruppenmitglieder ›teilen‹ das Entsetzen der Patientin, andere versuchen eine Art (eigener) Angstbewältigung. Ein Mann sagt: ›Die kann ja gar nicht zupacken, hat ja keine Muskeln in den Armen‹, eine Frau: ›Die Angst sieht für mich selbst erschreckt aus, mehr als du‹, ein Dritter (deckt die ›Angst‹ mit seinen Händen ab und betrachtet nur die Figur der Patientin): ›Da ist ja in dir mehr Bewegung als in der Angst. Es sieht so aus, als gingest du festen Schrittes . . . und ich weiß nicht recht, ist dein Gesicht ängstlich oder eher böse?‹ Die Patientin betrachtet lange ›sich selbst‹ und die ›Angst‹ auf dem Bild und sieht ein wenig zuversichtlicher aus. Der Therapeut sagt nur: ›Jedenfalls haben Sie es gewagt, Ihrer Angst ins Gesicht zu schauen . . . beim Malen und jetzt.‹ In diesem Falle wurden also, von der Gruppe wie vom Therapeuten, eigene Möglichkeiten der Patientin angesprochen, nachdem der ›Geängstigten‹ Anteilnahme gezeigt und somit auch diese Seite ernst genommen worden war. Ob das eben geschilderte Gruppenerlebnis der Patientin half, daß sie am folgenden Wochenende allein ausging, läßt sich zwar annehmen, aber – wie so oft in der Psychotherapie – nicht beweisen. Sie wagte sich jedenfalls – seit Jahren wieder erstmals – durch einen Wald, weil sie gerne die dahinterliegende Ortschaft sehen wollte. Die Patientin gab auch an, seit dem Malen des Bildes zwar nach wie vor Angst zu haben, sie könne dieser aber jetzt ›begegnen‹. Was in ihr vorgegangen war, daß sie dieses Bild überhaupt malen konnte, ist unklar geblieben. Sicher ist nur, daß ja auch das Bild schon Ausdruck dafür ist, daß sie der ›Gefahr‹ – wenigstens in dieser bildlichen Form – ins Auge sehen konnte.«

Die Kopffüßlerdarstellung mutet nicht als ein Regressionsphänomen an, vielmehr sprechen einige Details mehr für eine symbolische Darstellung. Zwar ist das Aquarell sehr schlicht, doch weisen die Mundpartie einerseits und die Strichmännchen-Selbstdarstellung andererseits auf weitergehende graphische Äußerungsmöglichkeiten hin. Zudem handelt es sich nicht um eine typische Kopffüßlerdarstellung, dazu setzen die beinartigen Gebilde zu hoch seitlich an. Insgesamt entsteht eher der Eindruck eines spinnenartigen Wesens, was auch zu den Schilderungen der Angst durch die Patientin paßt. Es kann also angenommen werden, daß die zunächst als Kopffüßler imponierende Darstellung im Bemühen um einen adäquaten Ausdruck der »umgreifenden Angst« zufällig entstand.

Der Weg innerer Konflikte, der in dem vorstehenden Beispiel in eine neurotische Erkrankung mündete, führt in den meisten Fällen – und das sollte bei der Besprechung von Krankheitsbildern nicht vergessen werden – zu gesunden, realitätsgerechten Problemlösungen. Zwischen dem mißglückten und dem gelungenen Umgang mit inneren Konflikten liegt eine breite, unscharf begrenzte Übergangszone; so ist stets ein großer und wesentlicher Teil unser aller Verhaltensweisen durch unbewußte (verdrängte, jedoch nicht krank-machende) Motive gesteuert. Um einen Einblick in die uns normalerweise nicht zugänglichen Bereiche unserer eigenen Person zu erhalten, werden auch unabhängig von neurotischen Erkrankungen von vielen Menschen Zugangswege gesucht. Hier bieten sich u. a. Selbsterfahrungsgruppen als eine Möglichkeit an. In einem TZI-Basiskurs (*T*hemenzentrierte *I*nteraktion) zur psychotherapeutischen Weiterbildung (Leitung: *Elisabeth Thomalin*) entstand der in Abb. 30 gezeigte eindrucksvolle Kopffüßler. Es handelt sich bei diesem Bild um die Gemeinschaftsarbeit zweier junger Frauen. Beide brachten eine ähnliche Partnerproblematik als ihr Problem in die Gruppenarbeit ein. Der in der spontanen Malaktion entstandene Kopffüßler mit seinen vielen Zusatzköpfen stellte für eine der Kursteilnehmerinnen ihren anklammernden, sie umklammernden, sie einengenden Ehemann dar. Das Gefühl des Bedrohlichen wird bei dieser in rot gemalten Figur durch die Vielzahl der Köpfe besonders gesteigert. Formal gesehen ist hier von einem Kontaminationsphänomen im Sinne einer Akkumulation (vgl. 5.1.2.4.2) zu sprechen, wie wir es in der mittelalterlichen Kunst (s. Abb. 45) und in der Bildnerei schizophrener Patienten (s. Abb. 21 und 22) finden. Ohne Zweifel ist hier nun wiederum nicht von einem Regressionsphänomen, sondern von einer symbolisch-kreativen Darstellung eines konflikthaften Themas zu sprechen.

Noch einen Schritt weitergehend, muß schließlich und endlich auch der Autor sich fragen, was ihn zu diesem Thema geführt und daran festgehalten hat. Zu einem nicht unwesentlichen Teil erscheint mir im nachhinein die inzwischen jahrelange Beschäftigung mit diesem Bildthema als eine auf die wissenschaftliche und intellektuelle Ebene verschobene Beschäftigung mit eigenen spezifischen Abwehrmechanismen. Hier Beziehungen aufgezeigt zu haben, verdanke ich der bereits erwähnten TZI-Gruppe, insbesondere *E. Thomalin.* (Der Gruppe danke ich für ihr Einverständnis zur Publikation von Abb. 30).

2.10 Literaturangaben

Bader, A.: Zugang zur Bildnerei Schizophrener vor und nach Prinzhorn. Conf. Psychiat. *15* (1972) 101–115

Bader, A.: Geisteskranker oder Künstler? – Der Fall Friedrich Schröder-Sonnenstern. Hans Huber, Bern/Stuttgart/Wien 1972

Bader, A. (Hrsg.): Geisteskrankheit, bildnerischer Ausdruck und Kunst. Hans Huber, Bern/Stuttgart/Wien 1975

Bader, A., Navratil, L.: Zwischen Wahn und Wirklichkeit. C. J. Bucher, Luzern/Frankfurt 1976

Benedetti, G.: Psychiatrische Aspekte des Schöpferischen und schöpferische Aspekte der Psychiatrie. Verlag für Medizinische Psychologie im Verlag Vandenhoeck & Ruprecht, Göttingen 1975

Birnbaum, K.: Grundzüge der Kulturpsychopathologie. J. F. Bergmann, München 1924

Bleuler, E.: Lehrbuch der Psychiatrie (bearbeitet von M. Bleuler), 10. Auflage. Springer, Berlin/Heidelberg/New York 1966

Bleuler, M.: Prävention der Schizophrenien – winzige Körnchen Wissen in einem Meer von Nichtwissen. In: Therapie, Rehabilitation und Praevention schizophrener Erkrankungen, hrsg. von G. Huber, Schattauer-Verlag, Stuttgart/New York 1976

Braun, U., Hergrüter, E.: Antipsychiatrie und Gemeindepsychiatrie. Campus, Frankfurt 1980

Conrad, K.: Über differentiale und integrale Gestaltfunktion und den Begriff der Protopathie. Nervenarzt *19* (1948) 315–323

Conrad, K.: Das Problem der Vorgestalt. In: Das Unvollendete als künstlerische Form, hrsg. von J. A. Schmoll. Francke-Verlag, Bern/München 1959

Dieckhöfer, K.: Angst des Irdischen. Deutsches Ärzteblatt *77* (1981) 2882–2884, 2936–3940, 2991–2995, 3041–3044

Dubuffet, J.: L'art brut préféré aux arts culturels. Galerie Drouin, Paris 1949

Ehrenzweig, A.: Ordnung im Chaos – Das Unbewußte in der Kunst. Kindler, München 1974 (Originalausgabe: The hidden order of Art, Weidenfeld & Nicolson, London 1967)

Federn, P.: Ich-Psychologie und die Psychosen. Huber, Bern/Stuttgart 1956

Fischer, T. u. R.: Nonverbal Dialogue with the Brain-Damaged Elderly. Confin. Psychiat. *20* (1977) 61–78

Franzke, E.: Der Mensch und sein Gestaltungserleben. Hans Huber, Bern/Stuttgart/Wien 1977

Freud, S.: Die Traumdeutung (1900). Gesammelte Werke. Bd. 2/3, Imago Publishing Co., London

Freud, S.: Vorlesungen zur Einführung in die Psychoanalyse (1916/1917). Gesammelte Werke Bd. 11, Imago Publishing Co., London

Freud, S.: Neue Folge der Vorlesungen zur Einführung in die Psychoanalyse (1933). Gesammelte Werke Bd. 15, Imago Publishing Co., London

Gorsen, P.: Kunst, Literatur und Psychopathologie heute. In: Neue Anthropologie, Bd. 4: Kulturanthropologie, hrsg. von Gadamer-Vogler. Thieme, Stuttgart 1973

Haslam, J.: Illustrations of Madness. G. Hayden, London 1810

Holfeld, H., Leuner, H.: Der »Vatermord« als zentraler Konflikt einer psychogenen Psychose. Nervenarzt *40* (1969) 203–209

Huber, G., Gross, G., Schüttler, R.: Konsequenzen der Verlaufsuntersuchungen für Therapie und Rehabilitation der Schizophrenen. In: Huber, G. (Hrsg.): Therapie, Rehabilitation und Prävention schizophrener Erkrankungen. Schattauer, Stuttgart/New York 1976

Huber, G., Gross, G.: Wahn. Eine deskriptiv phänomenologische Untersuchung schizophrenen Wahns. Forum der Psychiatrie, N. F. Bd. 2. Enke-Verlag, Stuttgart 1977

Huber, G., Zerbin-Rüdin, E.: Schizophrenie. Wissenschaftliche Buchgesellschaft, Darmstadt 1979

Jacobi, J.: Vom Bilderreich der Seele. Walter, Olten 1969

Jakab, I.: Graphic Expression of Emotional Troubles of Retarded Children. Conf. Psychiat. *10* (1967) 16–27

Jaspers, K.: Strindberg und van Gogh, Versuch einer pathographischen Analyse unter vergleichender Heranziehung von Swedenborg und Hölderlin. 2. Auflage. Springer, Berlin 1926

Jung, C. G.: Der Mensch und seine Symbole. Walter, Olten 1968

Kiell, N.: Psychiatry and psychology in the visual arts and aesthetics. University of Wisconsin Press, Madison 1965

Kety, S.: The biological substracts of schizophrenia. Internationales Symposium über Schizophrenie, Kyoto 7. 9. 77

Koppitz, E.: Die Menschendarstellung in Kinderzeichnungen. Hippokrates, Stuttgart 1972

Kraft, H.: Indirekte Porträts – Versuch einer nonverbalen Kommunikation in einer analytischen Selbsterfahrungsgruppe. Conf. Psychiat. *20* (1977) 26–60

Kraft, H.: Die Kopffüßler – ein Bildthema bei neurologisch/psychiatrischen Patienten im Vergleich zu seiner Verwendung in der angewandten und freien Kunst von der Praehistorik bis heute. Hauptreferat auf dem IX. Internationalen Kongreß der Gesellschaft für Psychopathologie des Ausdrucks, Verona 5.–7. 10. 79

Kraft, H.: Schizophrenie, Kreativität und Kunst – ein Beitrag zum theoretischen Verständnis der Bildnereien Schizophrener. Fortschr. der Neurol. Psychiatr. *48* (1980) 110–119

Kraft, H.: Die Zeichnungen des Augustin Wilhelm – psychopathologische Aspekte und kulturhistorische Vergleiche. Conf. Psychiat. *23* (1981) 230–249

Kringlen, E.: Zum heutigen Stand der Schizophrenieforschung. Nervenarzt *52* (1981) 68–73

Kris, E.: Die ästhetische Illusion. edition suhrkamp, Frankfurt 1977 (Titel der Originalausgabe: Psychoanalytic Explorations in Art, International Universities Press, Inc., New York 1952)

Landau, E.: Psychologie der Kreativität. Ernst Reinhard Verlag, München/Basel 1971

Laplanche, J., Pontalis, J.-B.: Das Vokabular der Psychoanalyse. Suhrkamp, Frankfurt 1972

Leuner, H.: Die experimentelle Psychose. Springer, Berlin/Göttingen/New York 1962

Maass, H.: Theorie und Praxis der Gestaltungstherapie in der psychosomatischen Klinik. In: Beiträge zur Inneren Medizin. Schattauer, Stuttgart 1964

Maran, O. F. P.: Ein Urteil von Künstlern und Laien über moderne Malerei ohne Rücksicht auf den psychischen Zustand des Malers. Conf. Psychiat. *13* (1970) 145–155

Marinow, A.: Depression-Behandlung mit Tofranil im Hinblick auf den Zeichenversuch. Conf. Psychiat. *7* (1964) 85–94

Masters, E. L., Houston, J.: Psychedelische Kunst. Droemer-Knaur, München/Zürich 1969

Matussek, P.: Kreativität als Chance. Piper-Verlag, München/Zürich 1974

Matussek, P.: Psychotherapie schizophrener Psychosen. Hoffmann & Campe, Hamburg 1980

Mertens, H. G., Fischer, P. A.: Die Behandlung extrapyramidaler Hyperkinesen. Dtsch. med. Wschr. *83* (1958) 2288

Meurer-Keldenich, M.: Medizinische Literatur zur Bildnerei der Geisteskranken. Kölner Medizinhistorische Beiträge, Bd. 14. Vertrieb Kohlhauer, Feuchtwangen 1979

Meyer, J. E., Meyer, R.: Selbstzeugnisse eines Schizophrenen um 1800. Conf. Psychiat. *12* (1969) 130–143

Mohr, F.: Über Zeichnungen von Geisteskranken und ihre diagnostische Verwertbarkeit. J. Psychol. Neurol. *8* (1906) 99–140

Morgenthaler, W.: Ein Geisteskranker als Künstler. Verlag Bircher, Bern/Leipzig 1921

Müller, W. K.: Alfred Kubin aus psychiatrischer Sicht. Mat. Med. Nordmark, 1. Sonderheft 1961

Müller-Suur, H.: Das Schizophrene in der künstlerischen Produktion von Schizophrenen. In: Geisteskrankheit, bildnerischer Ausdruck und Kunst, hrsg. von A. Bader. Hans Huber, Bern/Stuttgart/Wien 1975

Müller-Suur, H.: Kunst und Normalität – Zur Frage der Bewertung von künstlerischen Produktionen Geisteskranker. In: Konkrete Reflexionen, hrsg. von J. M. Broekman und J. Knopf. Nyhoff-Verlag, Den Haag 1975

Navratil, L., Dörninger, F., Nagy, K.: Die Wirkung von Tofranil im Zeichentest. Schweiz. Arch. Neurol. Neurochir. Psychiat. *88* (1965) 67–83

Navratil, L.: Schizophrenie und Kunst. dtv, München 1965

Navratil, L.: Über Schizophrenie und die Federzeichnungen des Patienten O. T. dtv, München 1974

Navratil, L., Pongratz, P.: Der Mensch – Psychopathologische Zeichnungen. Aus der II. Psychiatrischen Abteilung des Niederösterreichischen Landeskrankenhauses, Klosterneuburg (ohne Angabe des Erscheinungsjahres)

Nissen, P.: Bildnerisches Schaffen psychisch gestörter Kinder. Materia Medica Nordmark *25* (1973) 212–218

Nunberg, H.: Die synthetische Funktion des Ich. Int. Z. für Psychoanalyse *16* (1930) 301–318

Pauleikhoff, B.: Erklären und Verstehen als Zugang zu psychopathologischen Phänomenen. In: Psychopathologie musischer Gestaltungen, hrsg. von H. H. Wieck. F. K. Schattauer, Stuttgart/New York 1974

Plokker, J. H.: Zerrbilder. Hippokrates, Stuttgart 1969. (Originalausgabe: Geschonden Beeld, Mouton & Co, 1962)

Prinzhorn, H.: Bildnerei der Geisteskranken. Neudruck der 2. Aufl. von 1922. Springer, Berlin/Heidelberg/New York 1968

Putscher, M.: Jaspers und van Gogh – oder über Krankheit und Kunst. Janus *67* (1980) 157–169

Réja, M.: Die Kunst der Verrückten. In: Bader, A. (Hrsg.): Geisteskrankheit, bildnerischer Ausdruck und Kunst. Verlag Hans Huber, Bern/Stuttgart/Wien 1975. (Originalausgabe: L'art chez les fous, Mercure de France, Paris 1907)

Rennert, H.: Die Merkmale schizophrener Bildnerei. VEB Gustav Fischer, Jena 1962

Sander, F.: Psychopathologie des Abbaus graphischer Leistungen und Gestaltpsychologie. In: Abbau der graphischen Leistung, von R. Suchenwirth. Thieme, Stuttgart 1967

Sayk, J.: Der Synergie-Schreibversuch. Eine neue Kleinhirnprüfung. Klin. Wschr. *42* (1964) 236 bis 239

Schneider, K.: Klinische Psychopathologie. 9. Aufl., Thieme, Stuttgart 1971

Schneider, K.: Reaktion und Auslösung bei der Schizophrenie. Z. Ges. Neurol. Psychiatr. *50* (1919) 49–81

Schulte, W., Tölle, R.: Psychiatrie. Springer, Berlin/Heidelberg/New York 1971

Sechehaye, M.-A.: Die symbolische Wunscherfüllung. Huber, Bern/Stuttgart 1955

Simon, P. M.: L'imagination dans la folie. Ann. méd.-psychol. *16* (1876) 358–390

Spoerri, Th.: Identität von Abbildung und Abgebildeten in der Bildnerei Geisteskranker. Katalog der Documenta V, Kassel 1972

Sprinkart, K. P. (Hrsg.): Kreativität im Alter. Schriften des Lehrstuhls für Kunsterziehung der LMU München, Bd. 1. Mittenwald 1980

Stahel, N.: Das Erkennen seelischer Störungen aus der Zeichnung. Eugen Rentsch, Erlenbach/Zürich/Stuttgart 1973

Süllwold, L.: Symptome schizophrener Erkrankungen – uncharakteristische Basisstörungen. Springer, Berlin/Heidelberg 1977

Suchenwirth, R.: Abbau der graphischen Leistung. Thieme, Stuttgart 1967

Tardieu, A. A.: Etude médico-légale sur la folie. Baillière, Paris 1872

Vetter, P.: Beziehungen zwischen Krankheitsverlauf und bildnerischem Ausdruck Depressiver. Dissertation, München 1967

Volmat, R.: L'art psychopathologique. P. U. F., Paris 1956

Wagner, H.: Rauschgift – Drogen (2. Aufl.). Springer, Berlin/Heidelberg/New York 1970

Weitbrecht, H. J.: Schizophrenie und die Bildnerei von Wahnkranken. In: Der Mensch und die Künste – Festschrift für Heinrich Lützeler zum 60. Geburtstag, Schwann. Düsseldorf 1962

Wieck, H. H.: Psychopathologie musischer Gestaltungen. F. K. Schattauer, Stuttgart/New York 1974

Winkler, W.: Das Oneiroid. Zur Psychose Alfred Kubins. Arch. Psychiatr. Nervenkr. *181* (1948) 136–167

3 Kopffüßler in der Kunst und Kulturgeschichte

Nach der Darstellung der zeichnerischen Entwicklung der Kinder und den vielfältigen zeichnerischen Erscheinungsformen bei verschiedenen Patientengruppen soll dem Bildthema Kopffüßler auch in der Kunst- und Kulturgeschichte nachgegangen werden. Einerseits gilt es, ähnliche oder neue Entwicklungsbedingungen dieses Bildthemas zu erkennen, andererseits soll dieses Material auch als Basis dienen für die Diskussion um die Gesichtspunkte der Kreativität und Kunst im Hinblick auf die Bildnerei unserer Patienten. Ausgehend von *Prinzhorns* Hinweisen (1922) auf die transkulturelle Verbreitung dieses Bildthemas soll eine möglichst weitgehende Bestandsaufnahme vorgelegt werden, wobei eine kritische Sichtung der oft so vordergründig als Kopffüßler erscheinenden Darstellungen vorgenommen wird, jedoch auch fernerliegende Variationen dieses Bildthemas aufgegriffen werden.

Für die Reihenfolge der Darstellungen wären verschiedene Prinzipien denkbar, im vorliegenden Fall erfolgt eine Einteilung nach geographischen Gesichtspunkten. Eine davon abweichende Einteilung nach morphologischen und psychodynamischen Gesichtspunkten wird unter Punkt 5 abschließend dargelegt.

3.1 Die Bildnerei sogenannter primitiver Kulturen

Was wir als »Ausdrucksproportion« bei den Kinderzeichnungen kennengelernt haben, finden wir in der gesamten Kunstgeschichte immer wieder vor. Dem Zeichner wichtige Dinge werden überdimensional groß dargestellt; diese Darstellungen – ganz auf Wertung und Bedeutung hin ausgerichtet – können in zutreffender Weise als ein »archaischer Expressionismus« bezeichnet werden. Entsprechend ihrem Bedeutungsverlust nehmen alle übrigen dargestellten Dinge an Größe ab oder werden sogar nur auf Details reduziert. In diesen »pars-pro-toto-Darstellungen« kann dann zum Beispiel der Kopf des Menschen als »kernhafter Wesensauszug« (*Meyers* 1960) für den ganzen Menschen stehen. Die rätselhaften riesigen Steinköpfe der Osterinseln können wohl in diesem Sinne aufgefaßt werden.

So verwundert es auch nicht, daß sogar Kopffüßlerdarstellungen in »primitiven Kulturen« gelegentlich zu finden sind. Als Beispiele mögen eine indianische Felszeichnung (Abb. 31) von den Bahamainseln (nach *Mullery-Garrik* 1888) und eine noch eindrücklichere australische Felszeichnung (Abb. 32) dienen (nach Katalog 5/XII »Port Helland Australien« des Frobenius-Instituts).

Kritisch sei angemerkt, daß hier nicht einer Analogie zwischen dem Stil der kindlichen Darstellung und dem sogenannter »primitiver Kulturen« das Wort geredet werden soll. Zwar bestehen Ähnlichkeiten in einzelnen Darstellungsprinzipien (z. B. pars-pro-toto-Prinzip, Ausdrucksproportion), jedoch lassen sich diese in der Hochkunst des Mittelalters ebenso wie in der Kunst unserer Tage nachweisen. Die Diskussion über eine enge und über das genannte Maß hinausgehende Beziehung zwischen dem »Stil des Kindes« und dem der »Primitiven« hat so ziemlich jede Bedeutung verloren, zumal längst erkannt worden ist, daß die aus unserer Sicht so primitiven Kulturen oft hochkomplexe soziale Gebilde darstellen (vgl. dazu auch *Widlöcher* 1974).

3.2 Afrikanische Plastiken

3.2.1 Historische und kulturelle Anmerkungen

Ihrem Wesen nach ist die afrikanische Kunst weitestgehend kultischen, nur selten künstlerisch-schmückenden Charakters in einem europäischen Sinn. Das Interesse für afrikanische Kunst zeigte sich – von den »Wunderkammern« der mittelalterlichen Fürstenhöfe abgesehen – nahezu zur gleichen Zeit wie dasjenige für die Bildnerei psychiatrischer Patienten (vgl. hierzu Kap. 2.6.2). Zu dieser Zeit fand eine wissenschaftliche, wirtschaftliche und künstlerische Expansion statt; dies schließt jedoch nicht aus, daß zunächst zum Teil recht negative Urteile über die neu ins Blickfeld gelangten Wahrnehmungsgegenstände gefällt wurden. So schrieb z. B. *F. Ratzel* (1885) in seinem Werk über Völkerkunde: »In der Darstellung des Häßlichen übertrifft kein Volk die Westafrikaner; um von ihrer Indezenz nicht zu reden, sind sie in der Mehrzahl brutal naturwahr und höchstens ins Häßliche übertrieben. Dazu die Ungeschicklichkeit, womit besonders die Götzenbilder gearbeitet sind. Das Einsetzen der Augen mit glänzendweißen Kauris oder Scherben von Porzellantellern, die Verschönerung des Bauchs mit einem viereckigen Stück Spiegelglas sind so kindische Verunstaltungen, daß man darüber lachen könnte, wenn es sich nicht dabei um die Götter dieser Menschen handelte.« Es fehlte aber auch nicht an Versuchen, zu einem Verständnis dieser Arbeiten zu gelangen (s. z. B. *Andreé* 1886, *Frobenius* 1898); es waren insbesondere die Künstler der damaligen Avantgarde wie *Pablo Picasso, Georges Braque, E. L. Kirchner* u. a., die von diesen Plastiken fasziniert waren, ihnen künstlerische Qualitäten zubilligten und sich von ihnen inspirieren ließen. Inzwischen existieren umfangreiche Dokumentationen und stilkritische Untersuchungen zur afrikanischen Plastik, wenngleich auch viele historische und stilkritische Fragen offenbleiben.

Wenn von »afrikanischer Kunst« die Rede ist, so sind eigentlich nur die Schöpfungen jener Stämme und Völker gemeint, die südlich der Sahara im sogenannten »Schwarzafrika« leben. Nur die dort lebenden Bauernvölker haben Masken und Plastiken in großer Zahl und über Jahrhunderte hinweg hervorgebracht, während aus naheliegenden Gründen dies bei den umherziehenden Wildbeutern und Großviehnomaden (z. B. den Massai) in wesentlich geringerem Maße der Fall war.

Die Masken und Plastiken selbst sind meist nicht als individuelle Schöpfun-

Abb. 31 Indianische Felszeichnung (Nachzeichnung des Autors, aus *Mullery-Garrik:* Picture writing of the american Indians. Washington 1888)

Abb. 32 Australische Felszeichnung (Nachzeichnung des Autors, nach Katalog 5/XII »Port Helland Australien«. Frobenius-Institut, Frankfurt)

gen, sondern als Stammeskunst anzusehen. Die Stile sind in Afrika stammesgebunden, die Schnitzer, die ihr Handwerk z. T. durchaus berufsmäßig ausüben, kopieren im wesentlichen die Schöpfungen ihrer Vorgänger. Bei der Beurteilung eines afrikanischen Kunstwerkes ist deshalb – von Ausnahmen abgesehen (z. B. bei den Yoruba) – lediglich die Zuordnung zu einem Stamm, eventuell auch Unterstamm oder sogar Dorfgemeinschaft möglich.

Während Holz für die meisten bäuerlichen Stämme das wichtigste Material zur Herstellung von Kultgegenständen war, wurde an den Königshöfen (z. B. bei den Ashanti, den Yoruba und in Benin) auch Metall verarbeitet. Diese Meisterwerke sind nun wiederum nicht als Stammes-, sondern als »höfische Kunst« der jeweiligen z. T. sehr mächtigen Königshäuser aufzufassen. Nur aus diesen Materialien – wie z. B. Bronze und Gold – gefertigte Kunstwerke haben die Jahrhunderte überdauert, während bei den Holzplastiken 50 bis 100 Jahre alte Stücke bereits als »antik« zu bezeichnen sind.

Im folgenden soll nun auf diejenigen Stämme eingegangen werden, bei denen Kopffüßlerdarstellungen bekannt geworden sind. Es wird dabei kritisch zu prüfen und nachzuweisen sein, wo es sich um echte und wo es sich um Pseudo-Kopffüßler handelt.

3.2.2 Bakota, Senufo und Plastik aus Soruba (?) (»Pseudo-Kopffüßler«)

Prinzhorn (1922) bildete »3 Kopffüßler aus Französisch-Kongo« ab, es handelt sich um sogenannte »Grabwächterfiguren« (»mbulu-ngulu«) der Kota (mit Plural-Präfix: Bakota).

Derartige Figuren finden sich nur bei den Bakota, die keine geschlossene ethnische Gruppe darstellen (vgl. *Anders-*

son 1953); nicht alle Stämme der Bakota haben derartige Figuren hergestellt, sondern nur diejenigen im Umkreis des Flusses Ogowe in der heutigen Republik Gabun.

Diese Figuren sind wesentlicher Teil des Ahnenkultes. Sie versinnbildlichen vermutlich den Urahn eines Klans und steckten in kleinen Körben, in denen Schädel und Gebeine der Vorfahren aufbewahrt wurden. Sie galten als Heiligtümer und befanden sich in strenger Obhut des Familienältesten. (Eine der äußerst seltenen Abbildungen eines Schädelkorbes findet sich im Jahrbuch des Göteborger Museums, 1977.)

Die meisten dieser Grabwächterfiguren bestehen aus einem hölzernen, mit Messing, Kupfer oder Eisen beschlagenen Kern; es gibt zahlreiche Varianten, eine ausführliche stilkritische Würdigung unternahm *Bolz* (1966). Der »Hals« der Kopffigur ruht auf einem auf die Spitze gestellten Rechteck. Dieser Teil der Figur ist als Haltevorrichtung zu verstehen, er befand sich in den Schädelkörben und ist deshalb durch Ungezieferfraß oft stark beschädigt. Im Zuge der Christianisierung wurden diese Figuren aus ihrem Funktionsbereich entfernt und in Gruben vor den Dörfern »bestattet«. Die heute noch erhaltenen recht zahlreichen Figuren stammen hauptsächlich aus der Zeit nach der Jahrhundertwende.

Der Begriff »Kopffüßler« für diese Figuren wurde Anfang der 30er Jahre durch *von Sydow* (1933) eingeführt, eine Bezeichnung, die heute allerdings allgemein auf Ablehnung stößt, da es sich, wie ausgeführt wurde, bei den »beinartigen Gebilden« lediglich um eine – im praktischen Gebrauch gar nicht sichtbare – Haltevorrichtung handelt.

Aus dem gleichen Grunde sind auch die Webrollenhalter der Senufo und anderer Stämme nicht als Kopffüßler auf-

zufassen; die Köpfe auf den Webrollen-
haltern sind lediglich Verzierungen.

Die Kpelie-Masken der Senufo lassen
ebenfalls an Kopffüßlerfiguren denken
(*Himmelheber* 1960), stilkritischen Untersuchungen zufolge handelt es sich jedoch bei den scheinbar am Kopf ansetz-
zenden Beinen um stilisierte Bärte
(*Bolz* 1966).

Eine weitere von *Prinzhorn* (1922)
abgebildete afrikanische »Holzplastik
aus Soruba (Völkermuseum Hamburg)«
ist nicht mehr auffindbar, vermutlich ist
sie im Zweiten Weltkrieg zerstört oder
gestohlen worden (persönliche Mitteilung Prof. *Zwernemann*, Hamburgi-
sches Museum für Völkerkunde). Eine
nähere Zuordnung lediglich aufgrund
der Abbildung und der Angaben *Prinzhorns* ist gegenwärtig nicht möglich.
Vermutlich handelt es sich bei der Ge-
bietsbezeichnung um einen Übermitt-
lungsfehler. »Soruba« ist in der Afrika-
nistik unbekannt; möglicherweise ist
»Yoruba« gemeint. Zudem erscheint es
fraglich, ob der Kopf, der auf drei ver-
zierten Säulen zu ruhen scheint (soweit
dies aus der Abbildung bei *Prinzhorn* zu
ersehen ist) als ein »Kopffüßler« anzusehen ist.

Wenn hier von *Pseudo-Kopffüßlern*
gesprochen wurde, so deshalb, weil die
beinartigen Gebilde einerseits niemals
unzweifelhaft als Beine zu identifizieren
sind und andererseits aus einer speziellen Funktion abzuleiten sind. Zu bedenken bleibt allerdings, wieso eine Form
gewählt wurde, die zunächst den Eindruck eines Kopffüßlers erwecken
kann. Es bleibt also zu diskutieren, ob
nicht gerade diejenigen – scheinbar rein
funktionsgerechten – Plastiken sich
durchsetzen konnten, deren Form bewußt oder unbewußt das Kopffüßlerschema beinhalteten. Insofern erscheint
die Darstellung der Pseudo-Kopffüßler
an dieser Stelle gerechtfertigt.

Abb. 33 »Ofoe, der Todesbote« (Benin
Bronzeplatte, vermutlich 16. Jahrhundert,
ca. 47 × 18 cm, Jos-Museum, Jos/Nigeria)

3.2.3 Benin

Eine erste Beschreibung des König-
reiches von Benin lieferten holländische
Seefahrer. Sie fanden ein imponieren-
des Königreich und eine großzügig an-
gelegte Stadt vor.

Die rein höfische Kunst von Benin
nahm ihren Ausgang zu Beginn des 14.
Jahrhunderts und erreichte im 16. bis
18. Jahrhundert ihren Höhepunkt. In

dieser Zeit entstanden Bronzegüsse von höchster technischer und künstlerischer Vollendung. Ab der zweiten Hälfte des 18. Jahrhunderts ist von einem allmählichen Verlust der künstlerischen und technischen Qualitäten zu sprechen.

Als besonders typisch für die höfische Benin-Kunst können einerseits die Bronzeköpfe, die oft einen reichgeschnitzten Elefanten-Stoßzahn auf dem Kopf trugen, und andererseits die Bronze-Reliefplatten gelten.

Prinzhorn bildete einen Benin-Bronzekopf ab, der auf vier Beinen zu stehen scheint (Abb. s. bei *Prinzhorn* 1922; der heutige Aufenthaltsort dieser Plastik ist unbekannt). Dieser von *Prinzhorn* abgebildete Bronzekopf ist in zweierlei Hinsicht als vollkommen außergewöhnlich anzusehen. Zunächst sind die mit Perlenketten dicht umringten Halspartien für diese Köpfe typisch. Es könnte nun vermutet werden, daß die von *Prinzhorn* abgebildete Plastik gar keinen Kopffüßler darstellt, sondern daß z. B. die Halspartie ursprünglich mit Halsketten umwickelt war. Dies wiederum wäre jedoch ganz ungewöhnlich, da ansonsten die Halsketten immer im Bronzeguß dargestellt werden. Des weiteren ist die gesamte technische und künstlerische Ausführung dieser Plastik derartig grob, daß auch aus diesem Grunde von einem untypischen Objekt gesprochen werden muß.

Eine andere Deutung wäre noch im Zusammenhang mit einer Benin-Bronzeplatte zu diskutieren (s. Abb. 33). (Den Hinweis auf diese Platte verdanke ich Herrn Dr. *K. Volprecht*, für die Zusendung einer Abbildung danke ich Herrn *J. O. Bassey*, Jos-Museum, Jos, Nigeria.)

Diese Platte ist als eine typische, der Hoch-Zeit der Beninkultur zuzurechnende Arbeit zu bezeichnen. Auf dieser Platte ist unzweifelhaft ein Kopffüßler

zu erkennen; es soll sich um »Ofoe, den Todesboten« handeln. Genaue Angaben zum Darstellungsinhalt liegen jedoch auch hier – wie meist – nicht vor. Es wäre zu überlegen, ob es sich um die Darstellung einer Kopf-Maske handelt, die bei rituellen Feierlichkeiten getragen wird. In dieser Sichtweise würde es sich dann um eine vollkommen naturalistische Darstellung handeln, was auch am ehesten zu der künstlerisch ausgefeilten Form passen würde. In diesem Zusammenhang wäre dann auch wieder an den von *Prinzhorn* abgebildeten Kopf zu denken.

3.2.4 Bakuba, Ngbandi und Babindji

Die Kuba (mit Plural-Präfix: Bakuba) setzen sich aus einer Vielzahl kleinerer Stämme zusammen; sie zählen zu den berühmtesten kunstschaffenden Stämmen von Zaire.

Im Rahmen unseres Themas soll hier nur auf die Becher dieses Stammes hingewiesen werden, die häufig mit einem Gesicht verziert sind; manchmal ist der ganze Becher als Kopf gestaltet, wobei der Hals gelegentlich als Stiel des Gefäßes verwendet wird. In einigen Fällen sind sogar Kopffüßler-Becher entstanden, und zwar sowohl bei den Bakuba als auch – in ganz ähnlicher Form – bei den im äußersten Nordwesten Zaires beheimateten Ngbandi.

Figuren, Masken usw. dieses Volksstammes sind bisher erst in vergleichsweise kleiner Zahl aufgetaucht. Bei manchen Bechern sind die Beine deutlich ausgeformt und unzweifelhaft zu identifizieren, sie setzen über ein halsförmiges gemeinsames Zwischenstück am Kopf an (vgl. auch *Segy* 1969).

Ein den Bakuba verwandter Stamm sind die Babindji. In der Schnitzkunst übertreffen sie die Bakuba nur bei den sehr schönen Tabakspfeifen. Hier finden sich viele Kopfdarstellungen, gelegentlich sind die Köpfe mit Armen und Beinen versehen, so daß wir auch hier unzweifelhaft Kopffüßlerdarstellungen vor uns haben (s. Abb. 34).

Gerade die gleichzeitige Darstellung von Armen und Beinen ermöglicht eine sichere Aussage, es handelt sich hier nicht um Stilisierungen von Bärten usw. (vgl. Senufo-Masken).

3.2.5 Luba

Die Blütezeit des Luba-Reiches, eines mächtigen militärischen Zusammenschlusses zahlreicher kleinerer Stämme, liegt bereits 100 bis 200 Jahre zurück. Sie leben heute im südlichen Zaire in der Provinz Shaba (ehemalig Katanga), ihre zerstreute Siedlungsweise erschwert jedoch eine genaue geographische Ortung.

Den Figuren ist eine Weichheit der Linien gemeinsam sowie eine Materialbearbeitung, die eine große Ruhe ausstrahlt. Auffällig ist, daß nicht nur Kult-, sondern auch Gebrauchsgegenstände (Nackenstützen, Schalenträgerinnen, Trommeln, Hocker usw.) gestaltet werden.

Bei den Figuren handelt es sich um Ahnenfiguren, die in einer Art idealisierendem Naturalismus mit halb oder ganz geschlossenen Augen geschnitzt sind; manchmal erscheinen sie wie im Traum versunken (*Schädler* 1975).

Unter diesen künstlerisch hochstehenden Werken, die Weltberühmtheit erlangt haben, eine mehr archaisch anmutende Figur wie eine Kopffüßlerdarstellung zu finden, muß erstaunen, zumal es sich um eine durchaus typische Arbeit handelt (s. Abb. 35). *Bamert* (1980) schreibt zu dieser 31 cm hohen Plastik: »Sie stammt aus Shaba, Chefferie Ngoi Manim, Territorium Mwanza und wurde in der Buschlagerschulung

Abb. 34 Babindji Tabakspfeife (Rautenstrauch-Joest-Museum, Köln)

und bei den Initiationsriten Mbudye eingesetzt. Ihre Aufgabe war, dafür zu sorgen, daß keine Unberufenen das Buschlager betraten. Sie wurde an den beiden direkt aus der Maske wachsenden Füßen gehalten. Um Augen und Mund mit echten Haaren ausgestattet, die allerdings durch den Gebrauch stark gelichtet sind, stellt sie ein Respekt einflößendes und beeindruckendes Werk dar.«

3.2.6 Lobi

Um 1770 sind die Lobi von Ghana nach Obervolta eingewandert; da sie auch heute noch, entsprechend den Bodenverhältnissen für ihren Ackerbau, häufig Hunderte von Kilometern wandern, um sich erneut an einem günsti-

Abb. 35 Luba Kopffüßler (Holz, Haare, 31 cm, Sammlung A. Bamert, Solothurn)

gen Platz niederzulassen, bilden sie einen flächenmäßig weit verstreuten Volksstamm.

Die Statuen sind für die Lobi weder Kunstwerke noch einfache Objekte, sondern lebendige Wesen, die sehen und miteinander kommunizieren können, die sich bewegen und – das ist eine ihrer Aufgaben – Hexen und Schadenzauber abwehren.

Einen einheitlichen Schnitzstil gibt es nicht. Um dies zu verstehen, müssen kurz die religiösen Vorstellungen der Lobi gestreift werden. Die Vielzahl der ikonographischen Typen von Lobi-Skulpturen ist in ganz direkter Weise aus den Beziehungen verständlich, welche die Lobi mit den von ihnen angenommenen unsichtbaren, übernatürlichen Wesen unterhalten. Die Lobi verstehen diese Wesen als reale und natürliche Wesenheiten, mit denen sie täglich verkehren, von denen sie durch das Medium von Wahrsagern Verbote und Befehle empfangen und von welchen sie mit harten Sanktionen bestraft werden, wenn sie diese Anweisungen nicht exakt befolgen. Derartige Anweisungen können verschiedenartig sein, sie betreffen die Durchführung unterschiedlichster

Opfer oder Opferfeste, die Ausübung bestimmter Tätigkeiten und betreffen insbesondere auch die Herstellung von Gegenständen. Immer werden dabei Befehle sehr detailliert und präzise gegeben. Es ist also anzunehmen, daß auch derjenige Lobi-Bildhauer, der den hier gezeigten Kopffüßler (s. Abb. 36) schnitzte, den entsprechend detaillierten »Befehl höherer Wesen« zu dieser außergewöhnlichen Form erhielt. Nähere Angaben hierzu liegen allerdings nicht vor.

3.2.7 Lega

An der Grenze zwischen Zaire, Ruanda und Burundi bewohnen die Lega (auch Rega oder Warega genannt) ge-

Abb. 36 Lobi Kopffüßler »Außergewöhnliche Person« (Höhe 20 cm, Sammlung H. M. Z., aus *Meyer, P.:* Kunst und Religion der Lobi. Museum Rietberg, Zürich 1981. Foto Wettstein und Kauf, Zürich)

Abb. 37 Lega Kopffüßler (Elfenbein, ca. 8 cm, aus *Biebuyck, D.:* Lega Culture. University of California Press Berkeley/Los Angeles/London 1973)

wissermaßen eine Grenz- oder Grauzone des Kunstschaffens, denn es gibt – von einigen Ausnahmen abgesehen – sowohl im Osten als auch im Norden vergleichsweise wenig Stämme, die Masken oder Skulpturen herstellen.

Die Kunst der Lega konzentriert sich auf kleine Figuren und Masken, die vorwiegend aus Holz, aber auch aus Elfenbein und Elefantenhaut hergestellt werden. Die Objekte weisen meist sehr einfache, aber meist gut durchmodellierte Formen auf. Auffällig ist eine z. T. starke Verschiebung der Proportionen bei diesen Figuren, so daß es nicht verwundert, daß unter den zahlreichen Plastiken, die überwiegend rituellen Handlungen dienen, u. a. eine Kopffüßlerfigur zu finden ist (s. Abb. 37). Es handelt sich hier um eine ca. 8 cm große Elfenbeinfigur, Kakinga genannt; an dem

nur wenig ausmodellierten, spitz zulaufenden Kopf setzen zwei, nur durch eine Kerbe getrennte Beine an, die in einem gemeinsamen Fußsockel münden. *Biebuyck* (1973) schreibt zu dieser Figur: »Die mit ihr verknüpfte Bedeutung ist in folgendem Aphorismus ausgedrückt: ›Die kleine Jungfrau war gewöhnlich schön und gut; Ehebruch ist der Grund, daß sie zugrunde ging.‹«

3.2.8 Toma

Die Toma wohnen im Länderdreieck von Sierra Leone, Liberia und Guinea. Bekannt sind in erster Linie die großen Buschgeistmasken, wohingegen Figuren als eine große Rarität zu gelten haben. Die hier vorgestellte Kopffüßlerskulptur (s. Abb. 38) besticht durch ihre schlichte und zugleich monumental wirkende Formgebung (die Abbildung verdanke ich Herrn *Arnold Barmert*).

Abb. 38 Toma Kopffüßler (Holz, 17 cm)

3.2.9 Bamum

Die Bamum leben im Kameruner Grasland, einem der produktivsten Zentren afrikanischen Kunstschaffens.

Unter dem um die Jahrhundertwende herrschenden Sultan *Njoya* (die Bamum sind größtenteils islamisiert) nahmen Kunst und Kunsthandwerk der Bamum einen großen Aufschwung, insbesondere die höfische Gelbgußkunst. Als Besonderheit ist sowohl auf das Anfertigen von Aquarellen als auch auf die Erfindung einer eigenen Schrift hinzuweisen. Bekannt wurden die Bamum jedoch besonders durch ihre reichverzierten Pfeifen sowie ihre Trinkhörner.

Bei diesem kulturell hochstehenden Volk fand sich eine geschnitzte Dorfwächterfigur, die Zeugnis alter, nicht höfisch verfeinerter Bamumkunst gibt. Es handelt sich unzweifelhaft um eine Kopffüßlerfigur (Abb. s. bei *Hirschberg* 1962).

Es fällt auf, daß sowohl der Luba-Kopffüßler (s. Abb. 35) wie auch der Bamum-Kopffüßler Wächterfunktion hatten. Dies legt den Schluß nahe, daß Kopffüßler für die Einheimischen erschreckend, abschreckend, bedrohlich gewirkt haben müssen. Hierzu wiederum paßt auch die Benin-Darstellung des Todesboten als Kopffüßler (s. Abb. 33) und die Lega-Darstellung (s. Abb. 37), die zur Abschreckung vor Ehebruch diente.

3.3 Die Plastiken der Eskimos

Plastische Arbeiten haben die Eskimos schon vor der Zeitenwende hergestellt, die älteste bekannte Plastik, eine geschnitzte Maske, wurde mit der Radio-Carbon-Methode auf ein Alter von ca. 2700 Jahren geschätzt (National Museum of man, Ottawa).

Unter dem Einfluß der westlichen Zivilisation kam es in den 50er Jahren zu einem Niedergang der Kultur und Kunst bzw. Kunsthandwerk der Eskimos. Mit staatlicher (kanadischer) Hilfe wurde jedoch gerade zu dieser Zeit ein Konzept zur Erhaltung der Schnitzkunst der Eskimos entwickelt, das sich inzwischen als fruchtbar erwiesen hat. Zweifellos ist es zwar inzwischen zu einer Stilvermischung durch westliche Einflüsse gekommen, jedoch kam es nach Ansicht des Kenners der Eigenarten der Eskimos wie auch ihrer Kunst, *Georges Swinton* (1972), nicht zu einer Korrumpierung dieser Kunstform.

In den 50er Jahren war es noch üblich, als Schnitzer anonym zu bleiben, so daß bedeutende Schnitzwerke mit den belanglosen Produktionen eines untalentierten Schnitzers in einen Topf (»Volkskunst«) geworfen wurden. Inzwischen ist eine Vielzahl von Schnitzern namentlich bekannt. So sind auch alle Schnitzer von Kopffüßlerfiguren, die in dem Standardwerk »Sculpture of the Eskimo« (*Swinton* 1972) abgebildet sind, namentlich bekannt; *Kavik, Davideealuk* und *Eli Sallualuk* gehören sogar zu den berühmteren unter ihnen.

Zunächst muß auffallen, daß in einem Übersichtswerk zur Plastik der Eskimos unter 825 Abbildungen sich allein sieben Kopffüßlerdarstellungen befinden. In dieser Häufigkeit – angesichts des zahlenmäßig nur kleinen Eskimovolkes – sind Kopffüßler im afrikanischen Kulturraum offensichtlich nicht vertreten.

Eine gegenseitige Beeinflussung der Eskimoschnitzer ist anzunehmen. So stammen vier der sieben abgebildeten Kopffüßlerfiguren aus Povungnituk, zwei aus Rankin Inlet und eine aus Repulse Bay. Der Stil dieser Plastiken ist außerordentlich unterschiedlich. Er reicht von sehr schlichten, stilisierten Kopffüßlerfiguren (die dem Lega-Kopf-

Abb. 39 Davideealuk, Kopffüßler (Speckstein, Höhe ca. 11 cm, 1959, aus *Swinton, G.:* Sculpture of the Eskimo. McClelland & Stewart, Toronto 1972. Eigner der Skulptur: Toronto Dominion Bank)

füßler nicht unähnlich sind) bis hin zu sorgsam und naturalistisch ausgearbeiteten Darstellungen (s. Abb. 39). Eine bemerkenswerte Sonderstellung nimmt die Arbeit von *Eli Sallualuk* ein: Dieser Zyklopen-Kopffüßler ist als eine Rarität anzusehen (s. Abb. 40). Zwar kennen wir von mittelalterlichen Darstellungen (s. dazu *Beer* 1952 und *Zajadacz-Hastenrath*, ohne Jahresangabe) sogenannte »Acephale« mit nur einem Auge (auf die Sonderstellung dieser Fabelwesen wird noch einzugehen sein, s. dazu Kapitel 3.4.1), jedoch handelt es sich nie um eine derart klare Kopffüßlerdarstellung. Leider liegen zu diesem relativ häufig wiederkehrenden Bildthema keine näheren Angaben vor. Aufgrund der Aussagen über Eskimokunst insgesamt scheint es mir am ehesten wahrscheinlich, daß die Kopffüßlerfiguren intuitiv (und unbekümmert) – und ohne größeren geistes- und kulturgeschichtlichen Hintergrund – von den Eskimoschnitzern geschaffen wurden; ein bekannter Eskimoschnitzer, *Tiktak,* äußerte sich

so z. B. einmal folgendermaßen über seine Arbeit: »Ich denke nicht darüber nach, was ich machen werde. Meine Überlegungen entwickeln sich, während ich arbeite. Meine Arbeit drückt meine Gedanken aus.« (Übersetzung aus dem Englischen, zitiert nach *Swinton* 1972.)

Abb. 40 Eli Sallualuk, Kopffüßlerplastik »Zyklop« (Speckstein, Höhe, ca. 6,8 cm, aus *Swinton, G.:* Sculpture of the Eskimo. McClelland & Stewart, Toronto 1972)

3.4 Ägyptische Hieroglyphen und ägyptisch-griechische Zauberpapyri

Unter den ägyptischen Hieroglyphen sind vereinzelt Kopffüßlerdarstellungen zu verzeichnen; ihre Herkunft und Bedeutung erfordert eine nähere Betrachtung.

Abb. 41 Ägyptische Hieroglyphe (Nachzeichnung des Autors, aus *Lanzone, R. V.:* Dizionario di Mitologia Egizia. Terza Dispensa con LXXX Tavole. Litografia Fratelli Doyen, Turin 1883)

Im vorgestellten Beispiel (Abb. 41, aus *Lanzone* 1883) ist ein Schakalkopf auf Beinen dargestellt. Diese Hieroglyphe steht für das Verbum »Schleppen« oder auch »Ziehen«. Wie bei allen Hieroglyphen handelt es sich auch bei diesem Zeichen um ein logisch konstruiertes. Der Schakal war für die Ägypter ein bildhaftes Zeichen für »Schleppen«, da diese Tiere verwendet wurden, um Schiffe auf dem Nil stromaufwärts zu ziehen. Aus diesem Grunde wurde auch der »Schlepper der Sonnenbarke« auf dem blauen Strom des Himmels, der Gott Anubis (ursprünglich Totengott, später jedoch im Rahmen des Osiris-Kultes in seiner Bedeutung herabgesetzt), als menschliche Gestalt mit einem Schakalskopf dargestellt.

Eine Darstellung mit Beinen wurde gewählt, wenn es galt, ganz allgemein eine Bewegung darzustellen. Das schon durch den Schakalskopf ausgedrückte »Schleppen« soll also durch das Hinzufügen der Beine noch verdeutlicht werden.

Wie aus dem Gesagten bereits hervorgeht, sind Hieroglyphen mit Beindarstellungen keine Rarität oder gar auf Kopffüßler beschränkt. Es finden sich Messer, Federn, Töpfe, Schlangen, Sonnenscheiben usw. auf zwei Beinen (vgl. *Altenmüller* 1965, *Lanzone* 1883). Es sind jeweils logisch konstruierte Bedeutungsträger entsprechend der äußerst vielgestaltigen Zeichenkombinatorik der Hieroglyphen (persönliche Mitteilung Prof. *Derchain*, Köln).

Hingegen läßt sich ein Kopffüßler, wie er sich auf einem späten, ägyptisch-griechischen Papyrus aus dem 4. Jahrhundert n. Chr. findet (Universitätsbibliothek Oslo, s. Abb. 42, nach *Preisendanz* 1974), nicht im Sinne einer einfachen Zeichenkombinatorik deuten.

Dieser Papyrus gehört zu einer größeren Anzahl sogenannter »Zauberpapyri«, die Rezepte für Heilungs-, Liebes- und sonstige Zauberhandlungen enthalten und zum Teil mit Zeichnungen versehen sind. Es handelt sich zum Teil um sehr skurrile Zeichnungen, die oft wie Kritzelzeichnungen wirken. Ein typischer Kopffüßler findet sich nur auf dem in Oslo aufbewahrten Papyrus. Der dazugehörige Text besagt: »Ausgezeichnetes Mittel, um Zorn niederzuhalten, um Gunst und Sieg bei Gerichtsverhandlungen zu gewinnen; es wirkt

Abb. 42 Kopffüßler aus dem Osloer Zauberpapyrus (Nachzeichnung des Autors, nach *Preisendanz, K.:* Die griechischen Zauberpapyri. 2. Auflage. B. G. Teubner, Stuttgart, 1974)

sogar gegen König; kein kräftigeres gibt es. Nimm eine silberne Platte und ritze mit Bronzegriffel die folgende Zeichnung der Figur und die Namen, und trage sie in Deinem Unterkleid, und Du wirst siegen. Die geschriebenen Namen lauten so: Herr der Urflut, Herren Engel, verleiht mir, dem . . ., Sohn der . . ., Sieg, Gunst, Ruhm, Glück bei allen Männern und allen Frauen, besonders aber beim . . . Sohn der . . ., für immer und ewig. Führ es aus!« (*Preisendanz* 1974).

Eine wissenschaftliche Deutung dieser Figur steht aus. Sicherlich muß man Inhalt und Zeichnung dieses Zauberpapyrus vor dem gesamten geistesgeschichtlichen Hintergrund sehen. Kopffüßler wurden in vielen Kulturkreisen als durchaus real angesehen (vgl. *Plinius* 1892–1909).

3.5 Die mittelalterlichen Fabelwesen

Kopffüßler bevölkerten in den verschiedensten Ausgestaltungen als Fabelwesen die Literatur und dazugehörigen Illustrationen des Mittelalters. Unter »Fabelwesen« sind Arten von Menschen, Tieren oder Mischwesen aus beiden zu verstehen, die ehemals für existent gehalten wurden, aber in Wirklichkeit nicht existierten (*Zajadacz-Hastenrath*, ohne Angabe des Jahres). Sie sind zu unterscheiden von »Monstren«, den mit Mißbildungen geborenen Menschen und Tieren sowie auch den Geschöpfen bildkünstlerischer Phantasie.

Bereits in der Antike hatte man mehr oder weniger festumrissene Vorstellungen von einer Reihe in fernen Gegenden lebender Fabelwesen. So finden sich z. B. Beschreibungen bei dem römischen Schriftsteller *Plinius* (23 bis 79 n. Chr., s. dazu auch *Plinius*, 1892 bis

1909). Dieser greift in seinen Beschreibungen wiederum zumindest bis auf *Herodot* (um 484–424 vor Chr.) und *Aischylos* (515–456 vor Chr.) zurück.

Meist stellte man sich die Fabelwesen in Indien oder in dem Indien benachbart gedachten Äthiopien lebend vor, zum Teil auch in Libyen, womit das gesamte Afrika gemeint war, seltener in europäischen Ländern. Mit fortschreitender Erkundung der Erde erwartete man, die Fabelwesen in den jeweils noch verbleibenden unerforschten Gebieten zu finden. In den mittelalterlichen Enzyklopädien wurden die Fabelwesen in verschiedenem Zusammenhang behandelt. So unterschied z. B. *Thomas von Cantimpré* in seinem »Liber de Naturum rerum« zwischen menschlichen und tierischen Fabelwesen: »De Monstruosis hominibus, de Animalibus quadrupedibus, de Avibus, de Monstris marinis, de Piscibus, de Serpentibus.« Die Autoren von (Welt-) Chroniken glaubten, daß Fabelrassen nach der Zerstreuung der Menschheit entstanden seien und erwähnten sie bei der Beschreibung der einzelnen Erdteile (vgl. z. B. *Hartmann Schedel*, Buch der Chroniken, 1493). Von der Vielzahl der beschriebenen und im Mittelalter bildlich dargestellten Fabelwesen sollen hier im Rahmen unseres Themas nur die Kopffüßler besprochen werden. In der entsprechenden Literatur werden sie meist als »Acephale« (Kopflose), »Stethokephalos« (Brustköpfler) o. ä. bezeichnet. Diese Bezeichnungen sind reine Beschreibungen; über die Einordnung dieser Fabelwesen als »Kopffüßler« wird noch zu sprechen sein.

3.5.1 Illustrative Darstellungen in den Weltchroniken

Eine der im deutschen Sprachraum bekanntesten Weltchroniken war die

Abb. 43 Fabelwesen (aus »Buch der Chroniken«, 1493, *Zajadacz-Hastenrath, S.:* Fabelwesen. In: Reallexikon zur Deutschen Kunstgeschichte, Band VI, Sp. 739–816. Beck, München 1973)

des Nürnberger Arztes, Humanisten und Historikers *Hartmann Schedel* (1440–1514 n. Chr.), die 1493 gedruckt wurde. Unter den zahlreichen Illustrationen findet sich – neben einer Vielzahl verschiedenster Fabelwesen – auch eine Kopffüßlerdarstellung (s. Abb. 43).

Wie andere Autoren seinerzeit griff *Schedel* auf die Beschreibungen des römischen Schriftstellers *Plinius* zurück. Dieser beschrieb die äthiopischen Blemmyer als Wesen ohne Kopf, die Augen und Mund auf der Brust trügen. An anderer Stelle, bei der Beschreibung Indiens, erwähnt *Plinius* ein Volk, das ebenfalls keinen Kopf hat und die Augen auf den Schultern trägt; einen Namen für dieses Volk nannte er nicht. In der frühen Neuzeit wurde von kopflosen Völkern in Guayana berichtet (*Praetorius* 1666). Es wurden z. T. recht wunderliche Deutungen für diese Fabelwesen gegeben. *Thomas von Cantimpré* deutete die Menschen mit Mund und Nase auf dem Bauch und den Augen auf den Schultern als Advokaten, die ihre Klienten zu überflüssigem Prozessieren verleiten und sich durch übermäßige Forderungen den Bauch mästen; *Praetorius* (1666) deutete sie als »Bauchdiener«. Die Gesta romanorum (um 1475)

Abb. 44 Fabelwesen (aus »Livre des Merveilles«, ca. 1413, *Zajadacz-Hastenrath, S.:* Fabelwesen. In: Reallexikon zur Deutschen Kunstgeschichte, Band VI, Sp. 739–816. Beck, München 1973)

sahen dagegen in den Menschen ohne Kopf ein Bild der Demütigen.

Die Darstellungen der sog. »Acephalen« unterscheiden sich z. T. recht erheblich voneinander. Augen, Mund und Nase sind meist auf der Brust angebracht, gelegentlich ist jedoch auch der Rücken derart zu einem Gesicht gestaltet (s. Abb. 44), in einzelnen Fällen ist der ganze Rumpf als Kopf dargestellt (s. Abb. 45). Es läßt sich somit eine stufenlose Abfolge von Fabelwesen erstellen. Sie beginnt mit einer eindeutigen Identität von Kopf und Leib (Abb. 45), wie wir sie bereits in den Kinderzeichnungen kennengelernt und diskutiert haben (vgl. Kapitel 1.3.2). In der weiteren graphischen Entwicklung der kindlichen Zeichenfähigkeit führt einer der möglichen Wege über die sog. »halslosen Wesen«, jene ovalen Gebilde, deren oberer Pol physiognomisiert ist (s. Abb. 3, vgl. hierzu auch Abb. 7 und 8). Da zudem – wie bei der Kopffüßlerdarstellung vierjähriger Kinder – bei den sogenannten Acephalen das zentrale Gebilde weder nur Kopf noch lediglich Körper, sondern Kopf und Leib zugleich ist, scheinen mir diese Fabelwesen in den Kreis

Abb. 46 »Vogel-Selbsterkenntnis« (unbekannter Volksmaler, Öl auf Holz, Tiroler Volkskunst-Museum, Innsbruck)

Abb. 45 Holzschnitt von Lycosthenes, 1557 (aus *Prinzhorn, H.:* Bildnerei der Geisteskranken. Neudruck der 2. Auflage von 1922. Springer, Berlin/Heidelberg/New York 1968)

der Kopffüßlerdarstellungen zu gehören und Begriffe wie »Acephale« usw. eher unzutreffend zu sein.

Die Frage nach der Existenz einzelner Fabelwesen löste im 16. und 17. Jahrhundert Kontroversen aus, bis schließlich im Zuge der zunehmenden Erforschung der Welt das Interesse immer mehr schwand. So sind Kopffüßlerdarstellungen auf Fresken in Athos-Klöstern des 18. Jahrhunderts bereits als Ausnahmen zu bezeichnen (*Huber* 1969). Bei diesen Fresken handelt es sich jedoch lediglich um Wiedergaben älterer, mittelalterlicher Vorlagen.

In der Volkskunst wurde das Thema der Kopffüßler in einer speziellen – moralisierenden – Version aufgegriffen. Ein schönes Beispiel findet sich im Tiroler Volkskunstmuseum in Innsbruck (s. Abb. 46). Es handelt sich um die »Vogel-Selbsterkenntnis«. Die Darstellungen zu diesem Thema variieren zwischen Köpfen, deren Haare in einen Vogelhals/Vogelkopf übergehen (also das Kopffüßlerschema nicht aufgreifen) und der hier gezeigten Darstellungsweise. Dazwischen stehen Darstellungen, bei denen ein Vogel im Brustbereich ein menschliches Gesicht lediglich – wie aufgesetzt – trägt. Das Kopffüßlerschema, das in der vorliegenden Abbildung recht eindeutig Verwendung gefunden hat, scheint bei diesem Thema der Selbsterkenntnis im vorliegenden Fall eher zufällig als daß es etwa in einem tieferen Bezug zu diesem Thema stünde.

Die Phantasien über fremdartige Lebewesen, wie sie sich in den Fabelwesen des Mittelalters zeigten, sind lebendig geblieben, nur finden sie heutzutage nicht mehr ihren Ausdruck im (pseudo-) wissenschaftlichen Bereich, sondern in der Science-fiction-Literatur, angefangen bei den – inzwischen schon etwas abgegriffenen – »grünen Marsmännlein« bis hin zu den fiktiven Bewohnern ferner Galaxien.

Abschließend sei auf ein bemerkenswertes Faktum aus dem Vergleich zwischen den mittelalterlichen Fabelwesen und den Bildschöpfungen psychotischer Patienten hingewiesen. Es sind lediglich die Kopffüßler, die in den Bildern der Patienten hin und wieder auftauchen, nicht jedoch die Vielzahl anderer skurriler Fabelwesen wie z. B. der Ciclopeden (drei Beine, ein Arm mitten auf der Brust), der Panotier (Menschen mit überlangen, bis zu den Ellenbogen reichenden Ohren), der Skiapoden (Menschen mit nur einem Bein und einem riesenhaften Fuß, der als Schirm dient, wenn das Fabelwesen sich auf den Rücken legt) usw. Alle diese Fabelwesen haben keine Entsprechung in der Entwicklung der menschlichen Zeichenfähigkeit (vgl. Kap. 1). Der mangelnde

Erwerb oder der Verlust zeichnerischen Ausdrucksvermögens führt in der Menschendarstellung, wie in Kap. 2 gezeigt wurde, immer wieder einmal zu Kopffüßlerdarstellungen. Andere, z. T. sehr skurrile Kombinationen aus verschiedenen Körperteilen, Blumen und Tieren finden sich allenfalls bei chronisch schizophrenen Patienten sowie bei intoxizierten Patienten (Halluzinogene), wobei wohl nur zufälligerweise Darstellungen entstehen, die evtl. mittelalterlichen Fabelwesen ähneln.

3.5.2 Künstlerische Darstellungen

Mit den Darstellungen von *Hieronymus Bosch* (um 1453 bis 1516 n. Chr.) und *Pieter Breughel* dem Jüngeren (um 1564, bis ca. 1638), genannt der »Höllen-*Breughel*«, wird die Grenze von den im Mittelalter für existent gehaltenen Fabelwesen zu den aus der künstlerischen Phantasie entsprungenen Monstren überschritten. Diese Künstler hielten sich in ihren Darstellungen nicht nur an die aus der Literatur der damaligen Zeit bekannten Fabelwesen, sondern gestalteten eine Vielzahl bislang noch nie gesehener Figuren. Es handelte sich jedoch bei diesen Gestaltungen keineswegs um zufällige Phantasiegebilde, sondern um geniale Gestaltungen aus der Dämonenfurcht des ausgehenden Mittelalters heraus: »Da er verstanden wurde, mußten seine Visionen auch diejenigen seiner Epoche sein. Es war eine Zeit des sozialen, vor allem religiösen Umbruchs. Kirchliche Autorität und Klosterzucht lockerten sich. Indem das bisher auf das Göttliche bezogene Wertgefüge in Frage gestellt wurde, brachen archaische Vorstellungen und Leidenschaften auf mit fanatischem Sektierertum, Dämonen- und Hexenglauben und Neigung zum Übersinnlichen . . . je vehementer die Leidenschaften auf-

Abb. 47 Hieronymus Bosch, »Die Versuchung des Hl. Antonius« (Ausschnitt aus der Mit-
teltafel, Museu Nacional de Arte Antiga, Lissabon)

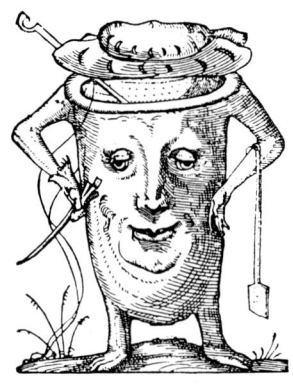

Abb. 48 Pieter Breughel d. Ä., Zwei Kopffüßler (aus *Prinzhorn, H.:* Bildnerei der Geisteskranken. Neudruck der 2. Auflage von 1922. Springer, Berlin/Heidelberg/New York 1968)

Abb. 49 Paul Klee, »Was fehlt ihm?« (Bleistift auf Papier, 33 × 21 cm, 1930, Paul-Klee-Stiftung, Bern)

loderten, desto stärker drückte das Gewissen, desto schärfer malten die Bußprediger dem Sünder die schrecklichsten Höllenstrafen aus. Massenbekehrungen, Bußübungen mit anschließendem Bildersturm wechselten mit Ausschweifungen und Narrenfesten« (*Kayser* 1969).

Es verwundert nicht, in den Zeichnungen und Gemälden von *Bosch* und *Breughel* eine Vielzahl von Kopffüßlern zu finden, durchaus nicht als gelegentliche Randfiguren, sondern z. T. in zentralen Bildpositionen. So findet sich z. B. im Mittelteil des *Hieronymus-Bosch*-Gemäldes »Die Versuchung des heiligen Antonius« in unmittelbarer Nachbarschaft zum heiligen Antonius ein Kopffüßler. Eine ausgezeichnete Beschreibung zu dieser Figur gibt *Fraenger* (1975): »Mit einem offenbar porträthaft profilierten, hochmütigen, doch sehr gebildeten Gesicht, spreizt sich der rumpf- und armlose Kommunikant gleich einem Frosch, das rechte Bein in einer Saffianstiefelette von sich streckend, das linke, das nur einen Halbschuh trägt, dicht angewinkelt, wobei er den Kommunionskelch zwischen seine Knie klemmt. Der nur aus einer Zerebral- und Genitalpartie bestehende Geselle, der sich – was wir in späterem Zusammenhang erörtern werden – als echter ›Sohn des Frosches‹ zu erkennen gibt, wird durch die Nacktheit des Gesäßes als Sodomiter charakterisiert.

Der bösartige Witz besteht darin, daß diese Spottfigur die Darreichung des Weines als unzüchtigen Kultakt diffamiert: Die Spannung zwischen dem links eingeknickten, rechts gespreizten Bein ist als Phase eines Bewegungsablaufs zu verstehen, nämlich als Auftakt zu dem Augenblick, in dem der Kopffüßler den Becher leert. Dies ist nur durch Zurückkippen des Kopfes und Hochstemmen des Bechers zwischen beiden Knien möglich, was eine scham-

lose Entblößung involviert. Daß solche sakrilegische Obszönität unmittelbar vor Augen des Antonius sich ereignet, stellt eine wahrhaft diabolische Versuchung dar« (s. dazu Abb. 47).

Andere Kopffüßler im Werk von *Hieronymus Bosch* erscheinen gegenüber dem geschilderten Werk als asexuelle Wesen. *Schindel* (1976) beschreibt sie – angesichts unserer Unkenntnis über die historische Persönlichkeit *Hieronymus Boschs* – etwas wagemutig und spekulativ folgendermaßen: »Sie sind eine Folge des ano-genitalen Komplexes und gehören primär wohl zu den Reaktionen der Entmännlichung. Alles was den Mann und seine spezifischen potentiellen Leistungen darstellt, fehlt diesen Kopf-Fuß-Gestalten. Wenn man will, sind sie ein typischer, aber sicherlich unbewußter Zwang von Kastrationsvorstellungen, wie sie bei *Bosch* möglicherweise vorhanden waren. Daß auch gelegentlich Tiere in dieser Weise dargestellt wurden, bestätigt nur die primäre Zwangsvorstellung der Entmännlichung.«

Die Frage nach der »Sexualität der Kopffüßler« war von uns bisher nur im Zusammenhang mit den Gestaltungen zweier chronisch schizophrener Patienten (*Karl Brendel* und *Augustin Wilhelm*) aufgegriffen worden (vgl. 2.6.4). Gegenüber den kindlichen Kopffüßlerfiguren, auf die wir uns immer wieder beziehen, ist die Darstellung von Genitalien (bzw. deren anzunehmendes Vorhandensein im Beispiel der besprochenen Kopffüßlerfigur von *Bosch*) ein zu beachtender Entwicklungsschritt. In kindlichen Zeichnungen werden allenfalls sekundäre Geschlechtsmerkmale *(Bart)* dargestellt, so daß bei einer Darstellung primärer Geschlechtsmerkmale in der Kunst wie in der Bildnerei psychiatrischer Patienten nicht einfach mehr von einem »Regressionsphänomen« zu sprechen ist.

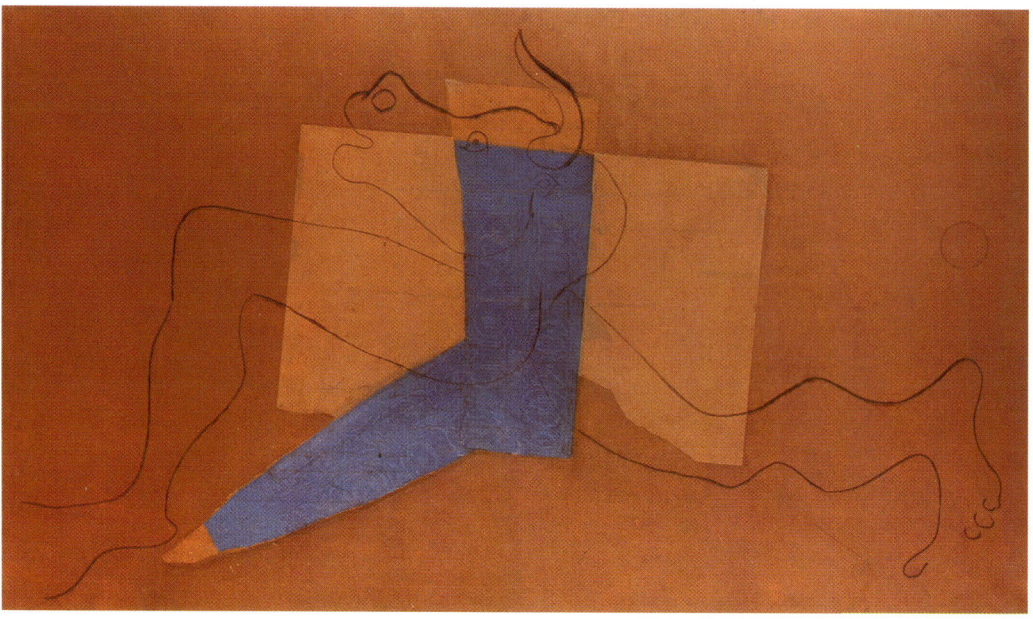

Abb. 50 Pablo Picasso, »Der Minotaurus« (Öl auf Leinwand, Museé National d'Art Moderne, Paris. © SPADEM, Paris; Bild-Kunst, Bonn 1982)

3.6 »Renaissance« der Kopffüßler im 20. Jahrhundert

Nachdem ab dem 17. Jahrhundert im Gefolge der Aufklärung das Interesse an Fabelwesen und Monstren, also auch an Kopffüßlern, stark abgenommen hatte, ist in unserem Jahrhundert und gerade auch in unserer heutigen Zeit von einer »Kopffüßler-Renaissance« in der freien und angewandten Kunst zu sprechen.

3.6.1 Malerei und Plastik

Unter den Künstlern waren es die Maler und Zeichner, die als erste das Kopffüßlerthema wieder aufgriffen. So hat *Paul Klee* (1879 bis 1940) bereits 1922 eine kleine Bleistiftzeichnung mit dem Titel »Das Augenbeintier« angefertigt, worin das Kopffüßlerschema bereits anklingt. In späteren Jahren finden

sich mehrfach Kopffüßlerdarstellungen in seinem Werk, so z. B. 1930 in der Zeichnung »Was fehlt ihm?« (s. Abb. 49).

Die größtformatige Kopffüßlerdarstellung dürfte wohl von *Pablo Picasso* (1881 bis 1973) stammen. Das Gemälde befindet sich im Centre Pompidou in Paris. Das Gemälde trägt den Titel »Minotaurus«, ein von *Pablo Picasso* sehr häufig gestaltetes Motiv (s. Abb. 50). Daß gerade im Rahmen surrealistischer Darstellungen Kopffüßler zu erwarten sind, erscheint angesichts surrealistischer Intentionen und Arbeitsweisen eher selbstverständlich. Als Beispiel diene die Lithographie des spanischen Surrealisten *Joan Miró* aus der Mappe »König Ubu« mit dem Titel »Das Massaker des Königs von Polen« (Abb. 51).

Der bekannteste (und konstanteste) Kopffüßlermaler ist aber zweifellos der international renommierte deutsche

Abb. 51 Joan Miró, »Das Massaker des Königs von Polen« (Lithographie, 1966, 42 × 64 cm, aus der Mappe »Ubu Roi«, aus Hommage à Tériade, Ausstellungskatalog des Rheinischen Landesmuseums, Bonn. Rheinland-Verlag, Köln 1978)

Maler *Horst Antes* (geb. 1936). Seit nunmehr ca. 20 Jahren malt und zeichnet er nahezu unablässig stets nur Kopffüßler. Der internationale Erfolg angesichts dieser recht eingeengt anmutenden Thematik läßt sich möglicherweise zu einem Teil dadurch erklären, daß *Antes* ein Bildthema aufgreift, das wir alle einmal in ähnlicher Weise gestaltet haben und als Erinnerungsspur in uns tragen. Dies mag begründen, daß sich die *Antes*schen Bilder so schnell einprägen, auch bei denjenigen, die durchaus nicht positiv zu seinen Bildern eingestellt sind. *Klaus Gallwitz* (1971) schreibt zu diesen Bildern: »Der Kopf auf Rädern war die Ausnahme, vielleicht ein erster Versuch, besser ausgerüstet und schneller in die Landschaft vorzudringen. Doch die Reaktion ließ nicht auf sich warten: Wer die Füße von *Antes* besitzt, braucht nicht zu fahren. Er kann stehen, unverwandt und fest, nicht umzustoßen, und in Gelassenheit zu warten. Auf den Säulenbeinen ist gut ruhen. Er kann sich aufrecht halten und seine Schritte setzen, wohin er will. Die Füße, fast immer doppelt, gehen nach rechts und gehen nach links, meistens wie der Kopf es will, manchmal jedoch auch in entgegengesetzter Richtung. Man rollt eine Kugel zwischen den Füßen mit, man wandert durch die Landschaft oder kauert im Kasten: Es ist den Füßen nicht anzusehen. Sie haben sich von früh an mit wenigen Abweichungen auf einen Vierzeher hin entwickelt und wirken jeder anderen Ausbildung gegenüber sehr überlegen. Unverkümmert, wie Riesenflossen oder Kehrmaschinen, bahnen sie sich den Weg. Gelegentlich trifft man auch Mutationen, beäugte Drei- und Fünfzeher auf dem Marsch vor einer roten Wand.« In dieser Beschreibung sind bereits einige Charakteristika angesprochen, die es hervorzuheben gilt. *Antes* übernimmt eben nicht etwa das kindliche Kopffüßlerschema, sondern gestaltet – rein formal betrachtet – sehr »ausgereifte Kunstfiguren«. Einerseits finden sich bei ihm fast ausschließlich Profildarstellungen (die in den Zeichnungen vierjähriger Kinder überhaupt nicht vorkommen), Hände und Füße weisen drei bis sechs Finger bzw. Zehen auf, was das Konstruierte, das Künstliche der Figuren noch unterstreicht. Viele dieser Figuren sind mit primären und sekundären Geschlechtsmerkmalen ausgestattet, als »Rarität« innerhalb der gesamten Kopffüßlerdarstellungen ist auf einen weiblichen Kopffüßler hinzuweisen (s. Abb. 52).

Der italienische Künstler *Enrico Baj* (geb. 1924) hat Kopffüßler nicht mit der gleichen Häufigkeit gestaltet wie *Horst Antes*, sie tauchen jedoch in seinem Werk seit ca. 1955 immer wieder an zentraler Stelle auf. Eine instruktive Einführung in die Kunstwelt *Bajs* gab *Jürgen Harten* 1975 im Ausstellungskatalog zu einer großen Werkschau der Bilder dieses Künstlers: »Die Ausstellung beginnt mit den Generalen von 1960, Kreuzungen aus Monstern und Ausgeburten von Blut und Boden, infantilen Gestalten mit Tarnanzügen, deren Muster von den voraufgehenden atomatisierten Gebirgslandschaften übernommen sind. Ihre Ahnenreihe geht direkt auf die Bambini mit erhobenen Armen der nuklearen Bilder zurück, und im Laufe der Entwicklung degenerieren sie erneut zu jenen Primitivfiguren der Kopffüßler, die zuerst Mitte der 50er Jahre als bärbeißige anonyme Ungeheuer auftauchen. Die Entwicklung geht vom explosiven Urknäuel über die Sonnenköpfe und die fiktiven interstellaren »Ultrakörper« zu brutalisierten Faunsgestalten, die durch Gurt und Orden als Generale gekennzeichnet sind. Kinder würden erschrecken, wenn die Gestalten, die sie zeichnen, plötzlich zur Tür hereinkämen. Während Kinder das sinnvoll Unbeholfene ihrer Figuren durch die Einbildung dessen, was sie darstellen, ausgleichen können, fixiert *Baj* umgekehrt die Einbildung auf die Primitivfigur, um das psychisch Erschreckende als das wirklich Schreckliche, um das Komische als das tatsächlich Groteske darzustellen. ›Le brut‹ ist ihm nicht nur individueller Ausdruck, sondern auch Inbegriff des sozial Brutalen, und die bunte Harmlosigkeit seiner bildnerischen Gebärden, der freundliche Schematismus zähnefletschender zapfnasiger, stieläugiger Gesichter unterläuft satirisch die bitterböse Thematik. Ebendrum gibt es auch heitere Bilder. Es ist wie bei einigen Comics oder Zeichentrickfilmen: Der Blick springt von Signal zu Signal, die einzelnen Zeichen blieben auswechselbar äußerlich, wenn die Phantasie nicht durch allerlei Attribute und die geradezu haptische Farbigkeit der Stoffe animiert würde, bis die Montage ein zugleich primitivistisches und präzises Ganzes ergibt. *Bajs* Bilder sind von unverwechselbarer Physiognomie: Ubu, ein dreistöckiger Kommodenfüßler.«

Zunächst erstaunt, daß die Arbeiten *Bajs* – ebenso wie die Kopffüßlerdarstellung von *Joan Miró* – im Umfeld des »König Ubu« von *Alfred Jarry* angesiedelt sind. Es wäre eine eigene literaturkritische und psychodynamisch orientierte Arbeit wert, diesem Phänomen weiter nachzugehen.

Der Gegensatz zu den Arbeiten von *Horst Antes* ist auffällig; das Kopffüßlerschema wird von *Baj* in einer gezielt decouvrierenden Weise angewendet. Ein besonders prägnantes Beispiel hierfür ist das großformatige Bild »*Nixon* und *Kissinger* führen die Columbus-Day-Parade an« (s. Abb. 53). Phänomenologisch betrachtet finden sich hier-

in eine Reihe formal sehr unterschiedlicher Kopffüßlerdarstellungen. Sie reicht von Profil- und en-face-Darstellungen bis zu sexuell neutralen (*Nixon* und *Kissinger*), weiblichen (dritte Figur von links) und männlichen Kopffüßlerfiguren.

Eine Vielzahl weiterer Kopffüßlerdarstellungen in der modernen Kunst ließe sich anführen, hingewiesen sei hier beispielsweise auf das Gemälde »Fragende Kinder« (1949) von *Karl Appel*, das Bild »Hermetischer Raum« (1958) von *Viktor Brauner*, »das mondmoralische Welträtsel – einmaliges Kulturdokument« (1967) (Abb. 54) von *Friedrich Schröder-Sonnenstern* (s. hierzu *Bader* 1972), darüber hinaus auch auf Gemälde und Graphiken von *Marc Chagall* (aus der Serie der Radierungen »de Mauve Sujets«), *Uwe Bremer, Sigmar Polke, Charly Banana (Ralf Johannes), Herbert Falken, Peter Gilles* u. a. Künstler.

Auch unter den Plastiken finden sich Kopffüßlerdarstellungen. So haben z. B. die bereits erwähnten Künstler *Horst Antes* und *Enrico Baj* eine Vielzahl von Kopffüßlerplastiken geschaffen.

Die hier abgebildeten und auch nur genannten Beispiele von Kopffüßlerdarstellungen in der modernen Kunst können nur einen bruchstückhaften Einblick in die Verwendung dieses Bildthemas in der modernen Kunst geben. Eine weitere Beschäftigung mit diesem Bildthema wird zweifellos auch eine Vielzahl weiterer Beispiele zutage fördern.

3.6.2 Werbung, Comic, Cartoon

Mehr noch als die sog. moderne Kunst und auch die aktuelle Kunstszene sind Werbung, Comic und Cartoon zu einer Tummelstätte für Kopffüßlerfiguren geworden.

Abb. 52 Horst Antes, »Weibliche Figur ¾ Profil mit drei weißen Federn« (Öl auf Leinwand, 120 × 100 cm, 1970/71, aus *Antes, H.:* Bilder 1965–1971. Katalog der Kunsthalle Baden-Baden, Baden-Baden 1971)

Das mit dem deutschen Jugendbuch-
Preis ausgezeichnete Buch »Rüssel in
Komikland« (1974) von *Leonhardt* und
Jägersberg zeigt als Hauptakteure drei
Kopffüßler, nämlich Rüssel, Schüssel
und Schrüssel (s. Abb. 55). Es fällt
nicht schwer, die »Elternpersonen« als
schlichte Plagiate zu erkennen. Sie ent-
stammen ursprünglich der Feder von
Pieter Breughel und wurden bereits im
Kapitel der mittelalterlichen Darstel-
lungen vorgestellt (vgl. Abb. 48).

Recht amüsant ist die sozusagen »in-
trauterine« bzw. besser »intraterrine«
Entwicklung von Schrüssel. Die Welt,
in die dieses Schrüssel geboren wird, ist
direkt von *Hieronymus Bosch* und *Pieter Breughel* entlehnt, sie schwankt zwischen Schlaraffenland und einer düste-
ren Umwelt voller Ungeheuer. Im Kon-
trast hierzu steht die grellbunte Welt
des Komiklandes, in dem Rüssel und
Schüssel wie die verträumten Besucher
einer versunkenen Welt erscheinen.

Abb. 53 Enrico Baj, »Nixon und Kissinger führen die Columbus-Day-Parade an« (freistehende Plastik, Acryl und Collage auf Leinwand, 210 × 900 cm, Katalog der Ausstellung Enrico Baj, Städt. Kunsthalle Düsseldorf, Düsseldorf 1975)

Abb. 54 Friedrich Schröder-Sonnenstern, »Das mondmoralische Welträtsel – einmaliges Kulturdokument« (1967)
(aus *Bader, A.:* Geisteskranker oder Künstler? – Der Fall Friedrich Schröder-Sonnenstern. Hans Huber, Bern/Stuttgart/Wien 1972)

Abb. 55 Schüsselglück und Rüsselstolz über das lebendige Schrüssel (aus *Leonhardt, L., Jägersberg, O.:* Rüssel in Komikland. Melzer, Darmstadt 1972)

Ihre Darstellung als Kopffüßler weist sie als Repräsentanten einer früheren, ursprünglicheren Lebensform aus. Angesichts heutiger Umweltprobleme, alternativer Lebensform usw. können sie durchaus als deren gelungene symbolische Repräsentanten gelten: »Rüssel und Schüssel geraten aus dem Schlaraffenland in eine Gangsterwelt, in der sie sich zu behaupten haben. Dem Paradies des Individuums wird die Welt der Massen, der Werbung, der Ausbeutung gegenübergestellt. Witz und Phantasie verbinden ohne Bruch amüsante hintersinnige Illustrationen und Texte verschiedener Stile: Hier detailreiche Federzeichnungen und normale Sätze – dort grellbunte derbe Comicbilder und Sprechblasen. Ein Werk, das zu kritischer Reflexion von Umwelt und Gesellschaft auffordert und neue Maßstäbe im Bilderbuch setzt. (Jury des deutschen Jugendbuch-Preises)« (1974).

Lesern der Illustrierten »Stern« sind möglicherweise die »Eierköpfe« bekannt, die jede Woche einen sinnigen Spruch vortragen. In dem hier vorgestellten Beispiel ist nun kurioserweise ein »kopfloser Kopffüßler« dargestellt (Abb. 56).

In der Werbung werden Kopffüßler auf nahezu allen Gebieten eingesetzt. Sie werben für Nougatcreme, für Strumpfhosen, für die Bundesgartenschau in Bonn, für die Imbißkette McDonald, für Radio Luxemburg, für das Kinderprogramm des Fernsehens (Abb. 57), für das Grippemittel »Rhinotussal« der Firma Mack (s. Abb. 58) usw.

Eierköpfe

Eierkopf grüßt Richard Rübe und Mark Kopfler!!!

Abb. 56 »Eierköpfe« (aus »Stern«, Hamburg)

EIN ANGEBOT DER III. PROGRAMME VON WDR, HR, NDR, RB, SFB

DAS FERNSEHEN LÄDT EIN: FERIENPROGRAMM FÜR KINDER

KREMPOLI
EIN PLATZ FÜR WILDE KINDER

Krempoli ist eine Stadt nur für Kinder. 13 Kinder haben sie in ihren Sommerferien gebaut. Doch beim Ausbau des neuen Hauptquartiers auf dem Abenteuerspielplatz erleben sie manchmal mehr Abenteuer als ihnen lieb ist. Zuerst entsteht ein Brand, dann geht durch ihre Schuld eine Schaufensterscheibe zu Bruch, ein Hund soll entführt und ein Hase geschlachtet werden. Und schließlich kommt auch noch eine Abbruchkolonne.

1. Die Gründung
2. Die Feuertaufe
3. Scheibenkleister
4. Das Baumhaus
5. Die Explosion
6. Die Aufsichtsperson
7. Der Überfall
8. Der Wettkampf

Vom 12. Juli bis 30. August jeden Sonntag um 18.00 Uhr
9. Der Unruheherd
Samstag, 5. September, 18.00 Uhr
10. Theater
Sonntag, 6. September, 18.00 Uhr

REBECCA — EIN MÄDCHEN SETZT SICH DURCH

Die Sunnybrook-Farm liegt in Amerika. Die Leute dort sind sehr arm, und so kommt es, daß Rebecca zu ihren Tanten muß, um auf eine bessere Schule zu gehen. Doch das Leben mit den beiden alten Damen ist nicht einfach.

1. Das braune Kleid
2. Mr. Aladin und die Lampe
3. Mira's Tod
4. Der 50-Dollar-Preis

Von Montag, 27. Juli bis Donnerstag, 30. Juli, täglich um 18.30 Uhr

AUS DER KLAMOTTENKISTE

In der Klamottenkiste gibt es in dieser Woche Filme aus der Zeit, als die Bilder laufen lernten. Damals flogen die Sahnetorten und klatschten die Filmotrheigen, daß es nur so rappelte.

Larry der Pleitegeier
Larry der Superman
Montag, 17. August, 18.30 Uhr
Larry der Herzensbrecher
Larry unter der Haube
Dienstag, 18. August, 18.30 Uhr
Larry in Kungfunistan
Larry und das Erbe
Mittwoch, 19. August, 18.30 Uhr
Slim der Schlimme
Snub's falscher Adel
Donnerstag, 20. August, 18.30 Uhr
Fatty auf dem Rummelplatz
Fatty und Mabel
Freitag, 21. August, 18.30 Uhr
Billy macht das Erbe locker
Bobby's zweiter Frühling
Samstag, 22. August, 18.30 Uhr

GESCHICHTEN AUS DEM WELTSPIEGEL FÜR KINDER
(Moderation Dr. Rosenbauer)
Freitag, 28. August, 18.00 Uhr

PIPPI LANGSTRUMPF UND DIE SEERÄUBER

Pippi erfährt durch eine Flaschenpost, daß ihr Vater von Seeräubern festgehalten wird – und mit ihm ein riesiger Schatz. Was bleibt dem stärksten Mädchen der Welt übrig, sie erfindet eine neue Flugmaschine, genannt „Das Myskodil" und fliegt mit ihren Freunden los.

Von Montag, 13. Juli bis Donnerstag, 16. Juli, täglich um 18.30 Uhr

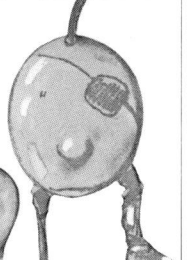

HAUS DER KROKODILE

Viktors Eltern sind verreist. Da taucht plötzlich ein geheimnisvoller Unbekannter im Spiegel auf. Als er dann noch ein Krokodil mit roten Augen und ein geheimnisvolles Tagebuch auf dem Dachboden findet, ist Viktor sicher, daß in diesem Haus etwas nicht stimmt.

1. Der Mann im Spiegel
2. Der nächtliche Besucher
3. Die Geburtstagsfeier
4. Eine neue Entdeckung
5. Gewitter in der Nacht
6. Ein unerwartetes Geständnis

Von Montag, 3. August bis Samstag, 8. August, täglich um 18.30 Uhr

AUS DER LEMMI UND DIE SCHMÖKER

Balduin Hannibal Percy Lehmann, kurz „Lemmi" genannt, ist der Bücherwurm in einer modernen Bibliothek. Manchmal, wenn die Bibliothekarin das geheimnisvolle blaue Tuch aus dem Teleliff zieht, werden Gestalten aus vielen Büchern lebendig und leisten ihm Gesellschaft.

1. Kein Tag wie jeder andere
2. Als Hitler das rosa Kaninchen stahl
3. Die Tochter des Schaubudenbesitzers
4. Ich bin David

Montag, 24. August bis Donnerstag, 27. August, täglich um 18.30 Uhr
5. Geh doch zu Momo
Samstag, 29. August, 18.30 Uhr

ACHTUNG! SPIELFILME!

Bolek's und Lolek's große Reise
1. Teil: Freitag, 17. Juli
2. Teil: Samstag, 18. Juli
jeweils um 18.00 Uhr

Der verbotene Baum
1. Teil: Freitag, 31. Juli
2. Teil: Samstag, 1. August
jeweils um 18.00 Uhr

Ein Affe in der Familie
1. Teil: Freitag, 14. August
2. Teil: Samstag, 15. August
jeweils um 18.00 Uhr

41 SENDUNGEN FÜR DIE JÜNGSTEN ZUSCHAUER!
21 MAL SESAMSTRASSE
6., 7., 8., 13., 14., 15., 20., 21., 22., 27., 28. Juli, 3., 4., 10., 11., 17., 18., 24., 25., 31. August, 1. September, 18.00 Uhr
14 MAL SENDUNG MIT DER MAUS
9., 10., 16., 23., 24., 30. Juli, 5., 6., 7., 13., 20., 21., 27. August, 3., 4. September um 18.00 Uhr
6 MAL SOMMERSPASS MIT DER MAUS UND DEM KATER BAGUS
29. Juli, 5., 12., 19., 26. August, 2. September um 18.00 Uhr

DIE SELTSAMEN ABENTEUER DES HERMAN VAN VEEN

Mitten unter Hochhäusern steht eine alte Mühle. Dort wohnt Herman mit seinen Freunden. In der Mühle hängen viele Bilder, die plötzlich lebendig werden können und in die Herman ein- und aussteigen kann. Er gerät in die Wüste, wird von einer Rakete verfolgt und kämpft mit einem eisernen Ritter um das wunderschöne Burgfräulein.

1. Der lange Weg zur Professor-Prokatatis-Krakedatus-Straße
2. Der tiefgefrorene Agent
3. Das ängstliche Gespenst
4. Der Kampf der Giganten
5. Der Knall im Schrank
6. Als die Mühle fliegen lernte.

Von Montag, 20. Juli bis Samstag, 25. Juli, täglich um 18.30 Uhr

AUGSBURGER PUPPENKISTE
BILLBO UND SEINE KUMPANE

Bill ist ein schrecklicher Räuber, der mit seinen Kumpanen die Burg Dingelstein erobern will. Dagegen hat der Burgherr natürlich eine ganze Menge. Seine Tochter Ding Ding, der Reiher Bally und der Eichkater Willi wehren sich mit ihm. Zusammen haben sie auch bald eine gute Idee, wie Bill Bo und seine Kumpane zu vertreiben sind.

1. Der Plan
2. Der Angriff
3. Die List
4. Die Falle

Von Montag, 10. August bis Donnerstag, 13. August, täglich um 18.30 Uhr

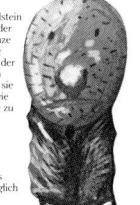

AUGSBURGER PUPPENKISTE
DER LÖWE IST LOS

Große Aufregung in der kleinen Stadt Irgendwo. Der Löwe ist aus dem Zoo entkommen. Woher soll Herr Dreipfennig wissen, daß der Löwe ihn nicht beißen, sondern retten will. Ein Anlegeseil reißt und ab geht's nach Afrika. Dort warten viele Abenteuer, z.B. mit Ka dem Kakadu, der nicht fliegen kann und mit dem Lieblingskamel des mächtigen Sultans.

1. Der Löwe ist los
2. Der Sturm
3. Kakadu in Nöten
4. Sultan in der Falle
5. Löwe gut, alles gut

Montag, 31. August bis Freitag, 4. September, täglich um 18.30 Uhr

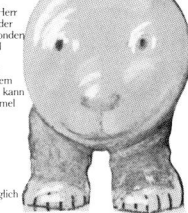

UND SONST NOCH...

Samstag, 11. Juli, 18.00 Uhr
Eskimos erste Jagd
Samstag, 11. Juli, 18.30 Uhr
Uferschwalben
Sonntag, 12. Juli, 18.50 Uhr
Lolek und Bolek
Freitag, 17. Juli, 18.50 Uhr
Margit, der weiße Indianer-Häuptling
Samstag, 18. Juli, 18.50 Uhr
Hanna und Oskar
Sonntag, 19. Juli, 18.50 Uhr
Lolek und Bolek
Samstag, 25. Juli, 18.00 Uhr
Die kleine Bühne spielt
Märchen: Aladin's Wunderlampe
Sonntag, 26. Juli, 18.50 Uhr
Lolek und Bolek
Mittwoch, 29. Juli, 18.27 Uhr
Blumen brauchen Wasser
Freitag, 31. Juli, 18.50 Uhr
Die Geschichte von Elsie
Samstag, 1. August, 18.45 Uhr
Der Tierliebhaber
Sonntag, 2. August, 18.50 Uhr
Lolek und Bolek
Mittwoch, 5. August, 18.25 Uhr
Blumen brauchen Wärme
Samstag, 8. August, 18.00 Uhr
Die kleine Bühne spielt
Märchen: Ali Baba und die vierzig Räuber
Sonntag, 9. August, 18.50 Uhr
Lolek und Bolek
Montag, 10. August, 18.55 Uhr
Es war einmal – Die Geschichte vom Ballonfahrer
Mittwoch, 12. August, 18.25 Uhr
Teichrohrsänger
Mittwoch, 12. August, 18.55 Uhr
Es war einmal – Die Geschichte vom Suppenkasper
Donnerstag, 13. August, 18.55 Uhr
Es war einmal – Die Geschichte vom Zylinder
Freitag, 14. August, 18.45 Uhr
Einbrecher Ede
Samstag, 15. August, 18.35 Uhr
Alltag – Pausen
Sonntag, 16. August, 18.50 Uhr
Lolek und Bolek
Mittwoch, 19. August, 18.25 Uhr
Distelfink
Samstag, 22. August, 18.00 Uhr
Die kleine Bühne spielt
Märchen: Vom fliegenden Pferd
Sonntag, 23. August, 18.50 Uhr
Lolek und Bolek
Mittwoch, 26. August, 18.25 Uhr
Schwäne
Samstag, 29. August, 18.50 Uhr
Der Bär auf dem Försterball
Sonntag, 30. August, 18.50 Uhr
Lolek und Bolek
Montag, 31. August, 18.55 Uhr
Es war einmal – Die Geschichte vom Schrank
Dienstag, 1. September, 18.55 Uhr
Es war einmal – Die Geschichte von der Bärenfamilie
Freitag, 4. September, 18.50 Uhr
Ein dicker Mann wandert
Samstag, 5. September, 18.50 Uhr
Lolek und Bolek
Samstag, 6. September, 18.50 Uhr
Lolek und Bolek

Abb. 57 Plakat der Rundfunkanstalten »Das Fernsehen lädt ein: Ferienprogramm für Kinder« (mit freundlicher Genehmigung des WDR, Köln)

Abb. 58 Werbung für das Grippemittel »Rhinotussal«

Auch im nicht-kommerziellen Bereich dienen Kopffüßler als Werbeträger. So zieren sie z. B. einen Bretterzaun (s. Abb. 59) vor einem leerstehenden Haus in Köln-Lindental und verweisen dort auf die Problematik der Stadtplanung, des geplanten Hausabrisses usw.

Es ist zweifellos nicht als zufällig zu bezeichnen, daß Kopffüßler derart häufig als Werbeträger Verwendung finden. Sie eignen sich in einer Zeit, in der Kürzel, Signets, zugkräftige Abkürzungen aller Art sich steigender Beliebtheit erfreuen, als »kernhafter Wesensauszug« (vgl. Kap. 1), als allgemeinverständliches Erbe unser aller Entwicklung vorzüglich zu einer schlagwortartig verdichteten, oft sogar nonverbal geführten Kommunikation.

Abb. 59 Bemalter Bretterzaun in Köln

DER FROSCHKÖNIG
KÖNIGIN VON LIPPIZA · DER KOPFFÜSSLER

Die Tiere stehen doch nur scheinbar unter der Botmäßigkeit des
Dompteurs, die Kunststücke, die sie machen, sind ihre Art den
jüngeren Bruder zu unterhalten und zu zerstreuen, da sie ja Besseres
mit ihm nicht anfangen können. Die Zirkusleute haben von ihnen
gelernt. Wie Vögel von Ast zu Ast, so fliegen von Trapez zu Trapez
Akrobaten, als Schmetterling läßt auf den Pferderücken die
Schulleiterin sich nieder, und nur der Stallmeister mit der Peitsche
fällt als der Herr der Schöpfung aus dem anarchischen Tier-
paradiese heraus.'' *Walter Benjamin, 1927*

Abb. 60 Der Kopffüßler des Zirkus Roncalli (aus Katalog des Zirkus Roncalli)

Angesichts derartig geplanter, durch-rationalisierter Verwendung des Kopf-füßlerschemas soll abschließend in dieser Bestandsaufnahme der Kopffüßler des Zirkus Roncalli vorgestellt werden (s. Abb. 60). Wie für Rüssel und Schüssel ihre imaginäre Welt der geeignetste Ort für einen Rückzug aus Komikland war, so ist der Zirkus Roncalli die geeignete Umgebung, einen Kopffüßler »leibhaftig« erscheinen zu lassen.

3.7 Kulturen ohne Kopffüßlerdarstellungen?

Die bisherigen Darstellungen und Überlegungen mögen den Eindruck erweckt haben, als seien Kopffüßler in allen Kulturen anzutreffen. Ausgehend von den Kinderzeichnungen, bei denen Kopffüßler einem normalen zeichnerischen Entwicklungsstadium entsprechen, ist dies auch eine durchaus zu diskutierende Hypothese. Sie kann hier auch nicht widerlegt werden, zumindest aber muß an dieser Stelle angeführt werden, daß trotz intensiver Bemühungen Kopffüßler im arabischen und asiatischen Kulturraum nicht zu finden waren (für ihre Bemühungen danke ich u. a. Herrn Prof. *Ladendorf*, Kunsthistorisches Institut der Universität Köln, und Herrn Prof. *Janert*, Institut für Indologie der Universität Köln).

Da Kopffüßlerdarstellungen für diesen Kulturraum jedoch nicht absolut auszuschließen sind, sollen hier Überlegungen zur Ursache dieses (fraglichen) Phänomens nicht angestellt werden.

3.8 Literaturangaben

Altenmüller, H.: Die Apotropaia und die Götter Mittelägyptens – eine typologische und religionsgeschichtliche Untersuchung der sogenannten »Zaubermesser« des Mittleren Reiches. Dissertation der Philosophischen Fakultät, München 1965

Andersson, E.: Contribution à l'Ethnographia des Kuta. Studia Ethnogr. Vol. I, Uppsaliensa VI, Uppsala 1953

Andreé, R.: Die Masken in der Völkerkunde. Archiv für Anthropologie, 1886

Antes, H.: Bilder 1965–1971. Katalog der Kunsthalle Baden-Baden. Baden-Baden 1971

Bamert, A.: Afrika – Stammeskunst in Urwald und Savanne. Walter-Verlag, Olten/Freiburg 1980

Beer, E. J.: Die Rose der Kathedrale von Lausanne. Berner Schriften zur Kunst, Bd. VI. Bern 1952

Biebuyck, D.: Lega culture. University of California Press, Berkeley/Los Angeles/London 1973

Bolz, I.: Zur Kunst in Gabon – Stilkritische Untersuchungen an Masken des Ogowe-Gebietes. In: Ethnologica, Neue Folge 3. Brill, Köln 1966

Cantimpré, Th. von: Liber de natura rerum. Zitiert nach der rel. vollständigen Fassung München, Bayerische Staatsbibliothek, Cod. lat. 27006

Fraenger, W.: Bosch. Verlag der Kunst, Dresden 1975

Frobenius, L.: Die Masken und Geheimbünde Afrikas. In: Kulturgeschichte Afrikas, Nova Acta Academiae Leopoldina-Carolinensis LXXIV, Nr. 1, Halle 1898

Gallwitz, K.: Tomaten – Katalogwort zum Ausstellungskatalog Horst Antes, Bilder 1965 bis 1971. Staatliche Kunsthalle Baden-Baden, Baden-Baden 1971

Harten, J.: Baj – Vorwort zum Katalog der Ausstellung Enrico Baj in der Düsseldorfer Kunsthalle. Düsseldorf 1975

Himmelheber, H.: Negerkunst und Negerkünstler. Bibliothek für Kunst und Antiquitätenfreunde XL. Klinkhardt und Biermann, Braunschweig 1960

Hirschberg, W.: Die Künstlerstraße – auf Studienreise durch Kamerun. Wollzeilen-Verlag, Wien 1962

Huber, P.: Athos – Leben, Glaube, Kunst. Zürich und Freiburg 1969

Kayser, H.: Hieronymus Bosch und der geistesgeschichtliche Hintergrund seines Werkes. Vortrag auf dem VI. Int. Kolloquium der deutschsprachigen Gesellschaft für Psychopathologie des Ausdrucks. Linz 26.–28. 9. 69

Lanzone, R. V.: Dizionario di Mitologia Egizia. Terza Dispensa con LXXX Tavole Litografia Fratelli Doyen. Turin 1883

Leonhardt, L., Jägersberg, O.: Rüssel in Komikland. Melzer, Darmstadt 1972

Linfert, C.: Hieronymus Bosch. DuMont Schauberg, Köln 1970

Meyer, P.: Kunst und Religion der Lobi. Museum Rietberg, Zürich 1981

Meyers, H.: Stilkunde der naiven Kunst. Verlag Waldemar Kraemer, Frankfurt 1960

Miller, K.: Mappae mundi – die ältesten Weltkarten. Stuttgart 1895–1898

Mullery-Garrik: Picture writing of the american Indians. Washington 1888

Peters, U. H.: Wörterbuch der Psychiatrie und medizinischen Psychologie. Urban & Schwarzenberg, München/Wien 1977

Plinius, Gajus P. Secundus: Naturalis historia. Ed. Carolus Mayhoff, Leipzig 1892–1909

Praetorius, J.: Anthropodemus plutonicus. Magdeburg 1666

Preisendanz, K.: Die griechischen Zauberpapyri. 2. Aufl. B. G. Teubner-Verlag, Stuttgart 1974

Prinzhorn, H.: Bildnerei der Geisteskranken. Springer Verlag, Berlin/Heidelberg/New York 1922

Ratzel, F.: Völkerkunde. Leipzig 1885

Schädler, K.-F.: Afrikanische Kunst. Heyne, München 1975

Schedel, H.: Buch der Chroniken. Nürnberg 1493 (Faks. Ausgabe, Leipzig 1933)

Schindel, L.: Hieronymus Bosch – zum Leiden geboren. Die Waage, Chemie Grünenthal, *15* (1976), 217–225

Schott, G. S. J.: Physica Curiosa. Würzburg 1667

Segy, L.: African sculptures speakes. Rag Freimann, 1969

Swinton, G.: Sculpture of the Eskimo. McClelland & Stewart, Toronto 1972

Sydow, E. von: Zum Problem der sogenannten »Kopffüßlerfiguren« aus Französisch-Äquatorial-Afrika. In: Ethnologischer Anzeiger III (1933), 2, 99

Teruffi, C.: Storia della Teratologia. Bd. I. Bologna 1881

Widlöcher, D.: Was eine Kinderzeichnung verrät – Methode und Beispiele psychoanalytischer Deutung. Kindler, München 1974

Wittkover, R.: Marvels of the East. Warburg Journal *5* (1942) 159–197

Wolfhardt, C. (gen. »Lycosthenes«): Prodigiorum ad ostentorum chronicon. Basel 1557

Zajadacz-Hastenrath, S.: Fabelwesen. In: Reallexikon zur Deutschen Kunstgeschichte. Verlag Alfred Druckenmüller, Stuttgart (ohne Jahresangabe)

o. A. d. V.: Gesta Romanorum. Cap. 175. Ed. H. Oesterley, Berlin 1872

o. A. d. V.: Hommage à Tériade. Ausstellungskatalog des Rheinischen Landesmuseums Bonn. Rheinland-Verlag, Köln 1978

o. A. d. V.: Göteborgs Etnografiska Museum – Annual Report 1977. Elanders Boktryckeri Aktiebolag, Kungsbacka 1978

o. A. d. V.: Port Helland Australien. Kat. 5/XII. Frobenius-Institut, Frankfurt

4 Ergebnisse und Interpretationen

4.1 Morphologie der Kopffüßler

Die bisherige Darstellung richtete sich nach der zeichnerischen Entwicklung der Kinder, nach Krankheitsbildern, nach geographischen Gesichtspunkten und Zeitbezügen. Die Morphologie als »Lehre von der Gestalt« hat uns dabei in den Beschreibungen der einzelnen als Beispiele vorgestellten Kopffüßler bereits stets beschäftigt. Es soll hier nun versucht werden, die sehr verschiedenen Erscheinungsformen dieses Bildthemas einmal zusammenfassend zu beschreiben.

4.1.1 Allgemeine Beschreibungskriterien

Unabhängig vom Bildthema sind einige zeichnerische/bildnerische Charakteristika zu beachten, so bei Zeichnungen z. B. die Art der Strichführung. Ist eine Linie glatt durchgezogen oder krakelig, bricht sie immer wieder ab, schwankt sie in ihrer Dicke usw.? Damit verbunden ist die Frage nach der Präzision der Darstellung sowie dem Grad der Ausgestaltung (Perspektive, Schattengebung, Detailgenauigkeit usw.). Bei Gemälden sind Art und Weise des Farbauftrages, der Farbkomposition usw. zu beachten, bei Skulpturen die Schnitz- oder Gußtechnik usw. Bei vollkommen gleichem Bildthema lassen sich so bereits eine Vielzahl von Unterscheidungen feststellen, hinter denen die Frage nach inhaltlichen Gesichtspunkten sogar manchmal vollkommen zurücktreten kann. Beispiele für derartige Unterschiede finden sich im Text und in den Abbildungen reichlich; verwiesen sei hier nur auf den Vergleich der Abb. 22 und 23. Die beiden an einer Schizophrenie erkrankten Patienten gestalten das Kopf-füßlerthema vollkommen unterschiedlich (vgl. *Enke* und *Ohlmeier* 1960).

Eine besondere Ausprägung kann eine Darstellung durch eine spezielle *»Ausdrucksproportion«* (vgl. hierzu 1.3) erhalten. Entsprechend der Bedeutung eines einzelnen Körperteils kann dieses sehr groß (oder sehr klein) dargestellt (s. Mundpartie in Abb. 5) oder sogar vervielfältigt werden. Speziell bei manischen und depressiven Patienten ist die Ausdrucksproportioniertheit für die Anlage der Gesamtkomposition (vgl. Abb. 26 u. 27) zu beachten.

Schließlich sind noch die *Defektgestaltungen* (im Sinne von Auslassungen und Disproportionierungen) als allgemeine Beschreibungskriterien zu erwähnen. Einzelne Elemente eines Bildthemas können bewußt ausgelassen werden, aber auch vergessen werden, verdrängt werden, ein Entwurf kann grob mißlingen usw. Eindrucksvolle Beispiele hierfür sind die Abbildungen 9, 16 sowie auch 56 (»Kopfloser Kopf-füßler«).

4.1.2 Spezifische Beschreibungskriterien

4.1.2.1 Die Kopffüßler-Grundform

Bei den weiteren Beschreibungen zur Gestalt des Kopffüßlers möchte ich von der »Grundform« ausgehen. Darunter sollen diejenigen Kopffüßlerdarstellungen verstanden werden, die für die Bilder vierjähriger Kinder typisch sind. Sie bestehen aus einer en-face-Darstellung des Kopfes (besser gesagt: des »binnendiffusen massigen Insgesamts von Haupt und Leib«, vgl. 1.3.2), zwei daran ansetzenden Beinen sowie meist – nicht immer und nicht notwendigerweise – zwei am zentralen runden

Gebilde ansetzenden Armen (vgl. Abb. 1, 2, 3, 4).

Diese Grundform findet auch außerhalb der kindlichen Zeichnung – mit anderen technischen und künstlerischen Mitteln realisiert – immer wieder Verwendung (s. z.B. Abb. 7, 8, 10–13, 16, 17, 23, 29, 33, 35–39, 41, 42, 47, 48, 50, 51, 55, 56, 57, 60).

4.1.2.2 Ergänzungen zur Grundform (Accessoires, Geschlechtsmerkmale)

Aus der Beschreibung der Kopffüßlergrundform geht hervor, daß es sich um »geschlechtsneutrale« Wesen handelt. Tatsächlich statten vierjährige Kinder ihre Kopffüßler auch allenfalls mit einem sekundären Geschlechtsmerkmal, einem Bart, aus. Eine Darstellung der Haartracht, einer Brille, eines Hutes usw. kann hinzukommen (*»Accessoires«*).

Eine Darstellung anderer sekundärer Geschlechtsmerkmale sowie speziell der primären Geschlechtsmerkmale findet sich nicht bei den Kopffüßlerdarstellungen dieser Altersgruppe, wohl aber außerhalb der kindlichen Darstellungen als Ergänzungen zur Grundform (s. Abb. [12], [13], 35, 42, 44, 46, 52, 53 – die in Klammern gesetzten Abbildungsverweise erscheinen in dieser Hinsicht nicht ganz überzeugend).

Die Darstellung z. B. mehrerer Beine ist wohl mehr im Sinne der »Ausdrucksproportion« zu sehen (vgl. 4.1) und nicht sosehr im Sinne einer Ergänzung der Grundform.

4.1.2.3 Abwandlungen der Grundform (Profildarstellung, Ein-Bein-Darstellungen, Ansatz der Arme an den Beinen)

Zu Profildarstellungen sind Kinder ca. ab dem achten Lebensjahr in der Lage, zu einer Zeit also, zu der sie das Kopffüßlerschema der Menschendarstellung schon längst überwunden haben. Ein Profil-Kopffüßler stellt immer also eine Abwandlung der Grundform dar. Diese Darstellungen sind bei neurologischen und psychiatrischen Patienten sowie in der Kunst- und Kulturgeschichte recht häufig anzutreffen (s. Abb. 15, 20–22, 26, 41, 47, 50, 52, 53, 58).

Mit der Profildarstellung gelegentlich kombiniert findet sich die Ein-Bein-Darstellung. Sie ist bei Kinderzeichnungen wohl nie zu finden, stellt demgegenüber eher eine »Kunstform« dar (s. Abb. 20–22, 36). Sie könnte einerseits aus einer räumlichen Vorstellung abgeleitet werden (in der Profil-Seitwärtsstellung eines Menschen ist nur ein Bein zu sehen), könnte jedoch auch einer »Ausdrucksproportion« entsprechen (vgl. 4.1.1), oder aber durch die erzählerische Absicht bedingt sein (zu denken wäre z. B. an eine Illustration der Rumpelstilzchen-Geschichte).

Einige Kopffüßlerdarstellungen weisen eine charakteristische Abwandlung der Ansatzpunkte der Arme auf. Während sie bei der Kopffüßlergrundform am zentralen runden Gebilde ansetzen, sind sie bei anderen am oberen Drittel der Beine angesetzt (s. Abb. 6, 16, 27). Dies ist immer ein Hinweis darauf, daß eine Weiterentwicklung bereits stattgefunden hat und die Kopffüßlerdarstellung ein Regressionsphänomen (s. Kap. 4.2.2.3) darstellt. Die Arme haben sozusagen ihren Platz beibehalten, der Kopf ist auch nur als Kopf anzusehen (und nicht als Kopf und Leib zugleich). Es fehlt letztlich der »Schluß nach unten«: Durch einen Querschnitt in halber Beinhöhe würde eine geschlossene Form entstehen, ein Leib. Dies ist in der zeichnerischen Entwicklung der Kinder einer der verschiedenen Wege, um vom Kopffüßlerschema zu einer weiteren differenzierten Menschendarstellung zu gelangen.

4.1.2.4 Kontaminationsformen (Verschmelzungsformen)

Viele der in diesem Buch vorgestellten Bilder und Plastiken lassen sich nicht genügend als ergänzte oder variierte Grundformen eines Kopffüßlers beschreiben. Außerhalb der kindlichen Zeichnungen wird das Kopffüßlerschema – speziell in der Werbung, in Comics und in Cartoon – häufig mit vollkommen anderen Bildinhalten verschmolzen. Zur besseren Unterscheidung sollen zwei Kontaminationsformen als voneinander getrennt beschrieben werden.

4.1.2.4.1 Inklusionsformen (Einschlußformen)

Hierunter sollen Darstellungen verstanden werden, bei denen das Kopffüßlerschema als Grundform erhalten bleibt, damit verschmolzene andere Bildthemen sich also der Kopffüßlerdarstellung unterordnen (s. Abb. 25, 40, 48, 55, 57, 59). So ordnet sich z. B. das Bildthema »Zyklop« (Abb. 40) ebenso dem Kopffüßlerschema unter wie das Bildthema »Haus« (Abb. 59) oder »Früchte« (Abb. 57).

4.1.2.4.2 Akkumulationsformen (Anhäufungsformen)

In diesen Fällen kommt zur Kopffüßlergrundform einschließlich ihrer Ergänzungen und Abwandlungen noch weitere Formen hinzu, so daß das Kopffüßlerschema z. T. in skurriler Form erweitert wird (s. Abb. 21, 22, 30, 45, 46).

Die Unterscheidung zwischen diesen beiden verschiedenen Kontaminations-

formen erscheint insofern von Interesse, als z. B. bei den Bildern chronisch schizophrener Patienten der Akkumulations- gegenüber dem Inklusionstyp zu überwiegen scheint. Psychodynamisch betrachtet erscheinen die Inklusionsformen eher einer gelungenen kreativen (integrativen) Leistung zu entsprechen. Sie sind es speziell, die in der Werbung anzutreffen sind (vgl. hierzu Kap. 3.6.2).

4.1.2.5 Übergangsformen

Oft ist nicht sicher zu entscheiden, ob es sich bei einer Darstellung um einen Kopffüßler handelt oder um eine Darstellung mit extremer Kompression des Leibes (s. hierzu speziell Abb. 13). Dieses Phänomen findet sich in den Bildern psychiatrischer Patienten immer wieder, jedoch auch z. B. in der afrikanischen Plastik (s. Abb. 37). Eine ähnliche Schwierigkeit ergibt sich, wenn neben der Genitalregion z. B. auch Gesäß und/oder Brüste dargestellt werden (s. Abb. 47, 52).

Auch die mittelalterlichen Darstellungen von »Acephalen« geben einige Schwierigkeiten auf. Es läßt sich, wie zu zeigen war (s. Abb. 43–45), eine stufenlose Folge von der »echten« Kopffüßlerdarstellung zu den »echten« Acephalen aufzeigen. Insofern sind die »Acephalen« aus dem Kopffüßlerprinzip abzuleiten, jedoch lassen manche mittelalterlichen Darstellungen das Kopffüßlerprinzip kaum noch erkennen, so daß sich die Frage nach einer Grenzziehung bzw. nach Übergangsformen ergibt.

4.2 Differenzierung der Kopffüßlerdarstellungen aus psychodynamischer Sicht

4.2.1 Kreativität und Ich-Psychologie

Mit Hilfe morphologischer Gesichtspunkte ist zwar eine differenzierende Beschreibung möglich, sie reicht jedoch nicht aus, um die sehr verschiedenen und sich z. T. gegenseitig ausschließenden Aspekte dieses Bildthemas zu erfassen. So sei beispielhaft lediglich darauf verwiesen, daß eine morphologische Beschreibung der ägyptischen Hieroglyphe (s. Abb. 41) ja nichts darüber aussagt, daß es sich hier um ein logisch konstruiertes Zeichen handelt, nicht etwa um ein Regressionsphänomen. Auch innerhalb derjenigen Gruppe von Patienten, die an einer Schizophrenie erkrankt sind, bestehen wesentliche Unterschiede, die eine unterschiedliche Psychodynamik der Gestaltung aufgrund der Lebens- und Krankheitsgeschichte nahelegen, wohingegen die morphologische Beschreibung diesen Unterscheidungen nicht genügend gerecht werden kann.

Der Nachteil jedweder psychodynamischen Überlegungen liegt darin begründet, daß sie in einem naturwissenschaftlichen Sinne nicht »bewiesen« werden können; diese Überlegungen können anhand von Indizien lediglich mehr oder weniger wahrscheinlich gemacht werden. Auf derartige Überlegungen zu verzichten, würde jedoch einen nicht zu rechtfertigenden Verlust für das Verständnis dieser Gestaltungen bedeuten.

In der vorgeschlagenen Einteilung nach psychodynamischen Gesichtspunkten wird von dem Problem der »Kunst« zunächst einmal ganz abgesehen, da es sich hierbei um einen Begriff mit historischen und sozialen Verflechtungen handelt. Wir wollen statt dessen unsere Überlegungen auf die Frage nach den kreativen *Prozessen* reduzieren, wobei speziell *ich-psychologische Überlegungen* in den Vordergrund treten. Kreativität wird in diesem Zusammenhang wesentlich durch ich-psychologische Merkmale charakterisiert: »Die Überbewertung psychischer Abnormitäten und die Vernachlässigung weniger auffälliger Persönlichkeitsmerkmale verhinderten eine adäquate Beurteilung des Ich bei der Entstehung schöpferischer Leistung. Man sah im bewußten Ich zwar den Ausführer und Gestalter ›epileptischer Eingebungen‹ (*Lombroso* 1864), nicht aber den Schöpfer. Sicher ist die Inspiration, überhaupt der unbewußte Anteil der Persönlichkeit, von großer Bedeutung . . ., aber das Ich hat mehr als eine zweitrangige Funktion. Es entscheidet darüber, ob jemand sein Leben so einrichtet, daß er auf Eingebungen, Anregungen und Eindrücke schöpferisch reagieren kann. Was immer von innen und außen aufgrund vergangener Erfahrungen oder der jetzigen Lebenssituation auf den Menschen einwirkt, ist schon das Werk seiner Entscheidung. Was er wahrnimmt und gestaltet, ist gefiltert durch seinen Fleiß, sein Lernen und seine Ausdauer, aber auch durch seine Ungeduld oder Eitelkeit. Ob aus einer Beobachtung eine Entdeckung und aus einem Einfall ein Kunstwerk wird, hängt somit zugleich von dem ab, was die Psychoanalyse als das Ich bezeichnet. Es wird hier als der vom Bewußtsein und Willen beeinflußbare Anteil der Persönlichkeit verstanden, als die Vermittlerinstanz zwischen dem eigenen Ideal, den Trieben und der Außenwelt« (*Matussek* 1974).

Kreativität ist jedoch nicht etwa nur im künstlerischen und wissenschaftlichen Bereich angesiedelt. In ihrer einfachsten Beschreibung läßt sich Kreativität als die Fähigkeit verstehen, »Beziehungen zwischen vorher unbezogenen Erfahrungen zu finden, die sich in Form neuer Denkschemata als neue Erfahrungen, Ideen oder Produkte ergeben« (*Landau* 1971). Die Beurteilung dieser Ergebnisse durch Außenstehende kann sehr variieren, das fertige Produkt, das für seinen Schöpfer das Ergebnis einer kreativen Leistung ist, kann für den Betrachter eine Banalität oder gar einen Mißerfolg darstellen; *Taylor* (1959) entwickelte aus diesen Überlegungen heraus das Modell der »Kreativitätsebenen«. Die niedrigste Stufe der Kreativität wird dabei von ihm als die *Expressive* bezeichnet. Sie beruht auf spontanem und freiem Tun ohne besondere Fähigkeiten. Ein gutes Beispiel hierfür sind die Zeichnungen kleiner Kinder. Über die *produktive*, die *erfinderische*, die *innovative* Ebene gelangt er in dieser Beschreibung zur höchsten Ebene, der *Emerginativen*. Sie umfaßt eine Kreativität, die mit völlig ungewöhnlichen Entdeckungen und Ergebnissen überrascht, die nur wenige erreichen. Als ein bekanntes Beispiel möge *Albert Einstein* genannt werden.

Diese sehr allgemeine Auffassung von Kreativität führt uns durchaus auch zu den Fragen des Defekts, der Abbauphänomene graphischer Leistung (vgl. *Suchenwirth* 1967). Angesichts einer Leistungseinschränkung (z. B. durch eine hirnorganische Erkrankung) kann ein Produkt wie z. B. eine Zeichnung als kreative Leistung angesehen werden, sofern sie für die durch die Krankheit behinderte Person eine neu entdeckte, aus eigenem Antrieb aufgegriffene Problem- oder Bildlösung beinhaltet. Ähnliche Überlegungen wurden bereits im Kapitel 2.6.3 ausführlich dargelegt. Sie sind bei dem folgenden Versuch einer psychodynamischen Einteilung auch stets mit zu bedenken.

Vergleichbar der »Kopffüßlergrundform«, von der wir in den morphologischen Betrachtungen ausgingen, betrachten wir nun zunächst ebenfalls wieder die Kopffüßlerdarstellungen vierjähriger Kinder, nun jedoch aus dem Blickwinkel des bildnerischen Entwicklungsstadiums.

4.2.2 Einteilung nach psychodynamischen Gesichtspunkten

4.2.2.1 Bildnerisches Entwicklungsstadium

Entsprechend ihrer psychophysischen Reife zeichnen ca. vierjährige Kinder – sofern sie Menschen darstellen wollen – typischerweise Kopffüßler (vgl. Kap. 1.3.2). Für das Kind ist der Kopffüßler eine vollgültige, seiner Realitätsauffassung entsprechende Menschendarstellung. Das zentrale runde Gebilde ist Innenraum, nicht nur Kopf, sondern Kopf und Leib zugleich (»binnendiffuses massiges Insgesamt von Haupt und Leib«, *Richter* 1976) (s. auch Abb. 3). Die Kopffüßlerdarstellungen dieser Altersgruppe sind zweifellos *nicht* das Ergebnis einer gewollten und geplanten »Abstraktion« (was eine hochentwickelte, hochdifferenzierte Leistung bedeuten würde!).

Inwieweit die Kopffüßlerdarstellungen einiger sogenannter »primitiver Kulturen« (s. Abb. 31 u. 32) in Analogie zur individuellen zeichnerischen Entwicklung als dem zeichnerischen Entwicklungsstadium ganzer Kulturen zugehörig angesehen werden können, sei dahingestellt. In den abgebildeten – graphisch sehr schlichten – Darstellungen erscheint dies als eine zu diskutierende Hypothese, wohingegen für die

afrikanischen Plastiken und die Volkskunst der Eskimos (s. Abb. 33–40) derartige Überlegungen allein schon aufgrund der Differenziertheit und Qualität der technischen und künstlerischen
Fertigung als unzutreffend abzulehnen
sind.

4.2.2.2 Retardierung

Unter Retardierung wird ein Verharren in einem Entwicklungsstadium, das
bereits durchlaufen und überwunden
sein müßte, verstanden. Eine Entwicklung und Differenzierung der Ich-Funktionen findet nicht statt.

Ursächlich kommen körperliche Erkrankungen in Betracht (z. B. genetische Schäden, frühkindliche Hirnschä-
digung, Stoffwechselstörungen, Mangelernährungen, Infektionen des Nervensystems usw.) sowie seelische Belastungen (z. B. Mangel an liebevoller
Zuwendung und Pflege; schwerwiegende Konflikte in der Familie usw.), s.
Abb. 5–8.

4.2.2.3 Regression

Unter Regression wird eine Rück-
kehr zu früheren Entwicklungsformen
des Denkens, der Objektbeziehungen
und der Strukturierung des Verhaltens
verstanden. Weitergehende Unterscheidungen sind möglich, so insbesondere
die zwischen Triebregression (Rück-
kehr zu früheren Formen und/oder Ob-
jekten der Befriedigung) und Regression der Ich-Funktionen (Aufgabe bereits erworbener Fähigkeiten – Differenzierung zwischen Phantasie und
Realität, Realitätsprüfung usw. – zugunsten früherer Denk- und Verhaltensweisen – magisches Denken usw.).

Besonderes Interesse beansprucht im
Rahmen unserer Überlegungen die *Regression der Ich-Funktionen*. Hierbei

sind zwei Aspekte voneinander zu unterscheiden. Eine umfangreiche Regression der Ich-Funktionen führt zu einer
teilweisen und schließlich sogar vollständigen Substitution des sekundärprozeßhaften Denkens durch das primärprozeßhafte (vgl. hierzu 2.6.3). Auf der
Ebene des Primärprozesses mit seinen
typischen Arbeitsmodalitäten (Verschiebung, Verdichtung, Verkehrung
ins Gegenteil usw.) kann nun das Kopffüßlerschema durchaus – wie bei vierjährigen Kindern – eine vollgültige
Menschendarstellung repräsentieren.
Der zweite Gesichtspunkt in der Regression der Ich-Funktionen betrifft die
Ausdifferenzierung des Körper-Ich. So
wie das Kind erst schrittweise seinen
Körper »entdeckte« und ein Körperschema (*Schilder* 1923) entwickelte, so
können diese Errungenschaften auch
wieder eingebüßt werden. Für den Vorgang des Einschlafens beschreibt dies
Federn (1956/1978) folgendermaßen:
»Weniger bekannt ist die Regression
zur kindlichen Stufe im körperlichen
Ich-Gefühl. Wir nehmen an, daß das ursprüngliche Ich-Gefühl des Kindes sich
nur auf Sensationen erstreckte, die von
wenigen vegetativen, erogenen Zonen
ausgingen, während das körperliche
Ich-Gefühl, wie es der Erwachsene besitzt, später allmählich erworben wurde.
Dieses Ich-Gefühl der Erwachsenen
entspricht seinem Körperschema (*Schilder*). Jedes normale Ich-Gefühl er-
streckt sich auf den ganzen Körper.
Beim verlangsamten Einschlafen aber
regrediert auch das Körper-Ich auf in-
fantile Stufen, auf denen die einzelnen
Körperteile allmählich für das Ich erworben wurden. Diese Regression geht
sehr wechselnd vor sich. Das Körper-
Ich verliert oft seine ganze Tiefendi-
mension; es wird nach allen Richtungen
verzogen und verzerrt. Alle abson-
derlichen Menschendarstellungen der

modernsten Malkunst kann man beim Einschlafen an sich selbst wahrnehmen. Die Distanz der symmetrisch gelegenen Teile kann vielmals größer erscheinen als die Länge des Körpers; die räumlichen Dimensionen geraten aus jeder tatsächlichen Proportion. Wenn zwei oder drei Körperteile richtig empfunden werden, so scheint sich der übrige Körper als mehr oder weniger vage Masse, vergrößert oder verkleinert nach einer Seite von ihnen oder um sie zu lagern. Die Ebenen des Körpers scheinen in jede Richtung verschoben. Mitunter ist die Veränderung nur eine Verkürzung des Körpers, das Körpergefühl reicht nur bis zum Rumpf oder bis zu den Knien; *aber auch Teile aus der Mitte des Körpers können dem Körpergefühl entschwinden.* Oft verliert sich die Begrenzung des Körpers nach einer Richtung, statt der Grenze fühlt man eine Bewegung dieser Teile nach dieser Richtung, ohne daß der ganze Körper als bewegt gefühlt würde. Hier besteht also tatsächlich ein Verlust der Ich-Grenze. Von dieser Hinfälligkeit bleibt das körperliche Gefühl von Gesicht und Kopf am ehesten frei.« Im folgenden sollen verschiedene Ursachen einer Regression der Ich-Funktionen sowie deren jeweiliges Ausmaß dargestellt werden.

4.2.2.3.1 Regression der Ich-Funktionen bei Neurosen

Das Ich, das durch die Regression im Rahmen des neurotischen Konflikts in Teilbereichen zu einer infantilen Stufe herabgestiegen ist, kann auf dieser Stufe seine Ich-Grenzen gut besetzt halten und ist weitestgehend imstande, Realität und Phantasie voneinander zu unterscheiden. Daraus erklärt sich, daß Neurotiker im allgemeinen auch keine Kopffüßler zeichnen. Auf die Besonderheiten bei Abb. 29 wurde aufmerk-

sam gemacht, die dort gemachten Ausführungen stützen die theoretischen Überlegungen.

Anders liegen die Verhältnisse bei Kindern, die mit seelischen Konflikten konfrontiert sind. Die noch unvollständige Ausdifferenzierung und Instabilität der Ich-Funktionen läßt im Zeichentest wie auch in freien Zeichnungen immer wieder Kopffüßlerdarstellungen entstehen (s. Abb. 5). Weiterentwickelte Menschendarstellungen und Kopffüßler können dabei sogar nebeneinanderstehen (s. Abb. 6).

Die Wahl der Darstellungsart hängt vom gegenwärtigen psychischen Zustand des kindlichen Zeichners ebenso ab wie von der Person, die dargestellt wird und kann sogar abhängen von den Beziehungen zu derjenigen Person, der gegebenenfalls ein Bild geschenkt wird.

4.2.2.3.2 Regression der Ich-Funktionen bei den Schizophrenien

Ein ganz anderes Ausmaß als bei den Neurosen hat die Regression der Ich-Funktionen bei Psychosen. So schreibt z. B. *Federn*: »Das Wissen, daß der schizophrene Prozeß im wesentlichen damit beginnt, daß das Ich seine volle Besetzung verliert, eröffnet einen neuen Zugang zu der wohlbekannten Regression des Ichs zu früheren Zuständen. Es ist leicht zu verstehen, daß das Ich seine gegenwärtige Stufe nicht aufrechterhalten kann, wenn die Ich-Besetzung sich vermindert oder verlorengeht. Doch muß zwischen dem Verluste der aktuellen Ich-Grenze und der Regression zu früheren ontogenetischen und (mehr hypothetischen) phylogenetischen Zuständen genau unterschieden werden. Das Ich, das durch die Regression zu einer infantilen Stufe herabgestiegen ist, kann auf dieser Stufe seine Ich-Grenzen gut besetzt haben und imstande sein, die Wirklichkeit und Gedachtes voneinander zu unterscheiden. Die psychotische Regression zu einer infantilen Stufe hat einen ganz anderen Einfluß auf die Vorstellung von der Außenwelt. Das Individuum kann diesen rückläufigen Prozeß teilweise oder gänzlich so weit durchmachen, daß eine narzißtische Stufe der Ich-Entwicklung erreicht wird, auf der das Ich nicht von der Außenwelt getrennt wird« (*Federn* 1956/1978). Für diese Stufe der Regression verwundert es nun nicht, eine Vielzahl von Kopffüßlerdarstellungen zu finden. Dabei sind jedoch – wie die geschilderten klinischen Beispiele zeigen – einige wesentliche Unterschiede zu beachten.

Die Regression ist in der Beschreibung wie auch im Verständnis der schizophrenen Erkrankung natürlich lediglich einer von mehreren Aspekten. Die Schwächung und Regression der Ich-Funktionen ist speziell im akuten Erkrankungsstadium deutlich zu erkennen; hier wird der Patient gleichsam von primärprozeßhaftem Material einerseits und Außenwelteinflüssen andererseits »überrannt« (s. hierzu Abb. 23 u. 24).

Mit Abklingen der akuten Phase der Erkrankung werden Bewältigungsversuche immer bedeutungsvoller, der akuten Desintegration folgt der Versuch des Aufbaus der alten oder einer neuen Ordnung. In Abhängigkeit von einer Vielzahl krankheitsspezifischer Faktoren sowie auch Umwelteinflüssen gelingt dies mehr oder weniger gut. Die Bilder schizophrener Patienten stammen zum weitaus größten Teil aus dieser nicht-akuten Phase der Erkrankung bzw. von Patienten, bei denen die Erkrankung bereits einen chronischen Verlauf genommen hat. *Phänomene der Regression der Ich-Funktionen und des Wiederaufbaus vermischen sich.* Da die Skala der Möglichkeiten von der voll-

kommenen Wiederherstellung der ursprünglichen Ich-Funktionen über verschiedenartige Kompromißbildungen (»Restitution in eine neue Richtung«) bis zu einem mehr oder weniger vollständigen Versagen der Restitutionsversuche reicht, ist verständlich, daß es keinen allgemeinverbindlichen »typisch schizophrenen Stil« geben kann. Allenfalls innerhalb einzelner spezifischer Verlaufs- und Zustandsformen der Erkrankung ist mit – auch statistisch zu sichernden – formalen Eigenheiten zu rechnen. Derartige Untersuchungen stehen allerdings noch aus. Aufgrund bisheriger Erfahrungen wären zwei Hypothesen zu formulieren. Je ausgeprägter ein typisch schizophrener Defektzustand im psychopathologischen Querschnittsbefund zu erkennen ist, desto deutlicher müßten sogenannte schizophrene Stilmerkmale in Bildern und Zeichnungen zu finden sein (s. hierzu die Abb. 12–22, 25). Je uncharakteristischer der schizophrene Zustandsbefund ist (z. B. reines Residuum, das im aktuellen Querschnittsbild nicht als Folge einer Schizophrenie zu erkennen ist), desto weniger sogenannte schizophrene Stilmerkmale dürften sich finden lassen. Auch ist zu erwarten, daß eine allgemeine »Potentialreduktion« in den Bildern ihren Niederschlag finden müßte (die Abb. 14 u. 15 können hierfür – mit Einschränkung – als Beispiel gelten).

Diejenigen Bilder, die zur Veröffentlichung gelangen und »interessant« sind, stammen verständlicherweise fast ausnahmslos von chronisch schizophrenen Patienten, bei denen schizophrene Symptome im psychopathologischen Zustandsbild mehr oder weniger deutlich zu erkennen sind (sog. Defizienztypen nach *Huber,* 1976) und eine Potentialreduktion keine wesentliche Rolle spielt. Diese Bilder ergeben für die Gesamtgruppe der an einer Schizophrenie erkrankten Patienten jedoch einen vollkommen verzerrten Eindruck.

4.2.2.3.3 Regression bei Melancholie (Depression) und Manie

Aus psychodynamischer Sicht spielen bei der Melancholie (Depression) die Fixierung in der frühen Entwicklung des Ich-Ideals sowie die Fixierung an ein Ideal-Objekt eine wesentliche Rolle. Die Abhängigkeit vom Ideal-Objekt führt bei seinem realen oder vermeintlichen Verlust zu einer außerordentlichen Herabsetzung des Ich-Gefühls und einer »großartigen Ich-Verarmung« (*Freud* 1916). »Somit ist die Melancholie ebenso wie die Schizophrenie eine ›*Krankheit des Ichs*‹, wenn auch auf einem anderen Strukturniveau und deshalb mit anderen formalen Eigenschaften. Der wichtigste Unterschied gegenüber der Schizophrenie ist dabei der, daß bei dieser wegen ihrer spezifischen Genese und Struktureigentümlichkeiten des Ichs gerade der Abwehrmechanismus der Introjektion des Ideal-Objekts ins Ich nicht möglich ist. Mag es auch zu einer ›*malignen Regression*‹ (*Kuiper* 1968) in der Melancholie kommen, charakterisiert durch eine Verschmelzung der Objektrepräsentanzen, verbunden mit einer regressiven Wiederbesetzung des narzißtischen bzw. grandiosen Selbst und der idealisierten Eltern-Imagines, wozu sich die Regression des Über-Ichs gesellt, so fehlt bei dieser Erkrankung im Gegensatz zur Schizophrenie in jedem Fall ein ›entdifferenzierter Zustand‹ mit Wiederbesetzung der frühesten Entwicklungsphasen des Ichs« (*Kutter* 1977).

Diese kurzen Anmerkungen können nur ein Streiflicht auf einige psychodynamische Vorstellungen zur Melancholie unter spezieller Berücksichtigung des Hauptabwehrmechanismus »Regression« werfen. Die Regression der Ich-Funktionen mit der speziellen Herabsetzung des Ich-Gefühls läßt das Auftreten sowohl von relativ kleinen, zart und zerbrechlich wirkenden Darstellungen verständlich werden wie auch die gelegentlich zu beobachtenden Kopffüßlerdarstellungen (s. Abb. 27).

Die Manie ist in mancher Hinsicht die Umkehrung der Melancholie. In psychodynamischer Sicht kann sie als eine Abwehr des unerträglichen depressiven Zustandes mit regressiven Maßnahmen aufgefaßt werden. Primitive Abwehrmechanismen – insbesondere die Verleugnung – treten in Tätigkeit.

Im bildnerischen Bereich sind Zeichnungen von Patienten, die an einer Manie erkrankt sind, relativ selten. Ihren Größenvorstellungen, ihrem Aktivitätsdrang sowie auch ihrer oft zu beobachtenden Gereiztheit sind Zeichnen und Malen keine adäquaten Beschäftigungen. So existieren nur relativ wenige Publikationen, auch das eigene Material hierzu ist sehr gering in seinem Umfang. Ob Kopffüßlerdarstellungen häufiger anzutreffen wären, erscheint sehr fraglich. In dem vorgestellten und mir einzig bekannten Beispiel (Abb. 26) scheint es lediglich im Rahmen einer »Notlösung« (infolge mangelnder Blattaufteilung) zu einer Kopffüßlerdarstellung gekommen zu sein.

4.2.2.3.4 Regression bei hirnorganischen Schädigungen und Intoxikationen

Neben den beschriebenen Regressionsformen bei den sogenannten endogenen Psychosen (Schizophrenie, Melancholie, [Depression] und Manie), die in ihrer Genese letztlich noch nicht genügend entschlüsselt sind (vgl. hierzu auch Kap. 2.6.1), gibt es eine Vielzahl klar definierter hirnorganischer Störungen (z. B. Gefäßverschlüsse, Tumoren, Folgen von Gewalteinwirkungen, s. hierzu auch Kap. 2.8), zu denen auch die Intoxikationen (Vergiftungen) zu rechnen sind (vgl. Kap. 2.5). Diese Erkrankungen können zu einer Herabsetzung der Ich-Funktionen führen. Ein einfaches, allgemein bekanntes Beispiel ist der Alkoholrausch: Wahrnehmung, Denken, Sprechen und Handeln sind erheblich beeinträchtigt.

Das Auftreten von Kopffüßlerdarstellungen im Rahmen dieser Krankheitsgruppe läßt sich aus zwei verschiedenen (und sich doch überschneidenden) Blickwinkeln verstehen. Zum einen kann der Verlust von Ich-Funktionen auch das Körperschema (*Schilder* 1923) beeinträchtigen. Andererseits kann eine erhebliche Beeinträchtigung der kritischen Ich-Funktionen primärprozeßhafte Denkweisen erneut an die Oberfläche steigen lassen. Der Kopffüßler, den wir als vollgültige Menschendarstellung bei Kindern kennengelernt haben, kann erneut als ausreichende, zutreffende Menschendarstellung empfunden werden (vgl. die Abb. 9–11).

4.2.2.3.5 Regression als kontrollierter Vorgang

Von den zuvor genannten – erlittenen – Regressionsformen zu unterscheiden ist die Regression als kontrollierter Vorgang in kreativen/künstlerischen Prozessen (diese Zusammenhänge wurden bereits in Kap. 2.6.3 geschildert). Auch hier wiederum ist darauf zu verweisen, daß der Gesichtspunkt der Regression in kreativen Prozessen nur einen Teilaspekt darstellt (zur Psychologie der Kreativität s. *Landau* 1971, *Matussek* 1974). *Kris* (1952/1977) sprach im Hinblick auf kreative Prozesse von einer »Regression im Dienste des Ich«, wo-

durch es dem gesunden Künstler möglich sei, sich vergleichsweise leicht Zutritt zum Material des Es (des Unbewußten, die Ebene des Primärprozeßhaften) zu verschaffen, ohne davon überschwemmt zu werden. Der Künstler kann die Kontrolle über den Primärvorgang bewahren, das Material gestalten, entsprechend seiner Ich-Leistungsfähigkeit bearbeiten.

In der Beschreibung der Restitutionsversuche im Rahmen der Schizophrenie (s. Kap. 4.2.2.3.2) klang bereits an, daß die Trennungslinien zwischen der Bildnerei schizophrener Patienten und der sogenannten Kunst nicht immer scharf gezogen werden können. Regression als ein kontrollierter Vorgang ist sicherlich auch im Schaffensprozeß vieler Schizophrener als Teilaspekt anzunehmen (s. hierzu insbesondere die Abb. 12, 13, 20, 21, 22, 25, 54). »Schizophrenes Kunstgestalten schließt an sich eine kreative, bewußte Kontrolle nicht aus. Ja, es kann sogar sein, daß die künstlerische Produktion dieser Kranken in der Psychose fruchtbarer ist als außerhalb derselben, wo die völlige Anpassung an die Konvention jegliche Spannung und Originalität ausschließt. Während echte, nicht schizophrene Dichter und Maler eine solche Spannung und Originalität, eine gewisse Nähe zum Unbewußten, wie *Kris* meinte, stets behalten, scheinen manche Patienten erst durch die Schizophrenie teilweise oder vorübergehend schöpferisch zu werden. Sie verlieren später mit ihren psychotischen Symptomen jegliche künstlerische Fähigkeit des Ausdrucks. Aber schon deshalb, weil die Nähe zum Unbewußten beim Kranken durch das Walten der Psychose bedingt ist, kann die schizophrene Kunst niemals jene Höhen erreichen, die der nicht schizophrene Künstler erreichen kann. Erst dort, wo das Unbewußte sich allmählich Ausdruck verschafft, ohne die Reichhaltigkeit und die Mannigfaltigkeit der sekundären Denkprozesse zu zerstören, haben wir das wahre, große Kunstwerk« (*Benedetti* 1975).

Diese Ausführungen, die uns vom Begriff der Kreativität zu dem der Kunst geführt haben, sollen deutlich machen, daß Kunstwerke (s. Abb. 43 bis 54) aus psychodynamischer Sicht – bei gleicher Thematik und selbst bei ähnlicher »Morphologie« – doch einer verschiedenen Sichtweise und Interpretation bedürfen: »Den eigentlichen Schlüssel liefert wohl nicht das einzelne Werk, sondern der Sinn des Schaffens« (*Kris* 1952/1977).

4.2.2.4 Bewußte Verwendung

Während Regressionsphänomene – seien sie erlitten oder kontrolliert – immer zu einem wesentlichen Teil unbewußt ablaufenden psychischen Prozessen entsprechen, ist auch die bewußte Verwendung, der bewußte Rückgriff auf das Kopffüßlerschema bekannt. Kopffüßler bevölkern in den verschiedensten Ausgestaltungen Cartoons, Comics und die Werbung (s. Kap. 3.6.2, s. Abb. 55–59). Das Kopffüßlerschema ist inzwischen derart bekannt, daß es immer wieder einmal bewußt aufgegriffen und eingesetzt wird. Das schließt natürlich nicht aus, daß z. B. ein kreativ tätiger Designer im Rahmen seiner Arbeit an einer Werbeidee einen Kopffüßler entwirft – und erst anschließend bemerkt, welch inzwischen häufig verwendetes Schema der Menschendarstellung er aufgegriffen hat. Gleiches gilt natürlich auch für viele künstlerische Darstellungen. Das Beibehalten des Kopffüßlerthemas bei *Horst Antes* sowie auch der immer wieder erneute Einsatz von Kopffüßlerfiguren im Werk von *Enrico*

Baj, Uwe Bremer usw. entspricht inzwischen natürlich einer bewußten Verwendung, die gleichzeitig ablaufenden unbewußten kreativen Prozesse richten sich auf viel subtilere Phänomene als die x-te Gestaltung der Kopffüßlerfigur.

4.2.2.5 Zufällige (bzw. logische) Neuschöpfung

Hierfür ist uns nur ein einziges, dafür aber sehr instruktives Beispiel begegnet: Die ägyptische Hieroglyphe für das Verbum »Schleppen« (s. Abb. 41). Hier spielen weder Regressionsphänomene noch ein bestimmter, künstlerischer Gestaltungswille eine Rolle. Lediglich aufgrund der allgemeinen Gesetze der Zeichenkombinatorik bei Hieroglyphen wurde in diesem Fall der Kopf mit zwei Beinen versehen.

4.3 Die Aktualgenese der Gestaltung

Einen weiteren Aspekt zum Verständnis der Kopffüßlerdarstellungen können aktualgenetische Überlegungen beitragen. Der von *F. Sander* (1967) geprägte Begriff der »Aktualgenese« befaßt sich aus der Sicht der Gestalt-Psychologie mit dem Prozeß der Gestaltentstehung: »Als ›Aktualgenese‹ bezeichnete ich solche im zeitlichen Zusammenhang des aktuellen Bewußtseins ablaufende und als solche erlebte Prozesse des Gestaltwerdens, um sie von anderen genetischen Formen, der Ontogenese und der Phylogenese, abzuheben, bei denen ja kein Erleben, etwa des Fortschreitens der Durchgestaltung der Umwelt beim Kleinkind, gegeben ist. Gerade dieses erlebte Fortschreiten in bestimmter Richtung, das Sich-einbezogen-Fühlen in ein Gestalt-Werden ist ein wesentliches Kriterium eigentlicher Vorgestalt-Erlebnisse.«

Die »aktualgenetische Reihe der Gestaltbildung« beginnt mit einem »ungegliederten Gesamterleben« und führt über einen »Gestaltkeim«, eine Konturierung und Abgrenzung gegen den Hintergrund, nachfolgende Binnengliederung, zunehmende Ausdifferenzierung hin zur »Vorgestalt«, aus der sich dann schließlich die manifeste Endgestalt entwickelt. Jede Gestaltbildung – wie auch Gestaltwahrnehmung – durchläuft einen aktuellen, regelhaften Prozeß, eben die sogenannte Aktualgenese.

Zunächst handelte es sich dabei um einen beschreibenden Begriff, der später zunehmend auch zu einem »Erklärungsbegriff« (*Graumann* 1959) wurde. Vor einer Gleichsetzung von aktual- und ontogenetischen Vorstellungen wurde stets gewarnt: »Gegenüber *Storch* und auch allen Autoren, die bemüht sind, hirnpathologische Phänomene als Regression auf frühere phylogenetische und ontogenetische Stufen zurückzuführen, . . ., ist zu sagen, daß zwar hier Ähnlichkeiten mannigfacher Art vorliegen, aber daß es sich um etwas anderes handelt, da die Aktualgenese eben etwas anderes ist als die Ontogenese und Phylogenese des Gestaltungsprozesses« (*Conrad* 1947). An anderer Stelle stellt *Conrad* zur Diskussion, daß psychopathologische, insbesondere hirnpathologische Phänomene vielleicht nichts anderes seien als die Folge eines Zurückbleibens des jeweiligen aktualgenetischen Prozesses auf der Stufe der Vorgestalt. Hier nun bietet sich eine Möglichkeit, psychopathologische Phänomene aus aktualgenetischer Sicht zu betrachten. Kreativität – einfacher gesagt: jegliche Gestaltung – setzt ein Mindestmaß an Konzentration, Ge-

schicklichkeit, Erinnerungsvermögen, kritischer Differenzierung usw. voraus, ist also an eine Vielzahl von Ich-Leistungen gebunden. Hirnpathologische Erkrankungen, die zu psychopathologischen Symptomen führen, haben zu einer Beeinträchtigung dieser Leistungsfähigkeiten geführt. Das gleiche gilt für die nach wie vor rätselhaften Krankheiten des Ichs, die sogenannten »endogenen Psychosen«, also die Gruppe der Schizophrenien und die Zyklothymie. Es ist nun leicht vorstellbar, daß eine aktualgenetische Reihe der Gestaltbildung aufgrund der wie auch immer beeinträchtigten Ich-Leistungsfähigkeit nicht bis zur Endgestalt fortentwickelt werden kann. Im Hinblick auf unser Thema sehe ich die Kopffüßlerdarstellungen als die einfachste (komprimierteste) Menschendarstellung an, die noch – im Sinne der Vorgestalt – als *komplette* Menschendarstellung empfunden (!) werden kann. Es sei in diesem Zusammenhang noch einmal daran erinnert, daß bei den Kopffüßlerdarstellungen vierjähriger Kinder das zentrale runde Gebilde Kopf und Leib zugleich ist, der Körper also nicht fehlt. Es handelt sich bei den kindlichen Gestaltungen um eine Darstellung des gesamten Menschen aus dem Empfinden des Kindes heraus ganz auf Wertung und Bedeutung hin angelegt. Auf diese Beziehungen machte auch *Hoffmann* (1961) aufmerksam: »Es gibt Grundgegebenheiten menschlichen Gestaltungsstrebens, die beim frühkindlichen wie auch beim aktualgenetischen Gestalten Erwachsener wirksam werden.« (An dieser Stelle könnte – in der Terminologie von *C. G. Jung* (1968) – durchaus auch von »Archetypen« gesprochen werden.)

Zweifellos kann unter Zuhilfenahme der aktualgenetischen Vorstellungen nur ein Teil der Kopffüßlerdarstellungen erfaßt werden. Zu denken ist hier zunächst ganz allgemein an die Darstellung retardierter Jugendlicher (s. Abb. 5 u. 6), geistig Minderbegabter (s. Abb. 7 u. 8), geriatrischer Patienten (s. Abb. 9) sowie auch an die Bilder der Patienten mit reversiblen, körperlich begründbaren Psychosen und hirnorganischen Störungen (s. Abb. 10, 11, 28).

Morphologisch betrachtet handelt es sich hier sämtlich um recht schlichte Kopffüßlerdarstellungen, bei denen die Grundform nur wenig verändert wird.

Für die Gruppe der Patienten mit endogenen Psychosen ist bereits eine differenziertere Betrachtung notwendig. Für die an einer Zyklothymie leidenden Patienten ist dabei eine Aussage schwierig, da das vorgelegte Material vom Umfang her kaum weitreichende Schlüsse erlaubt. Die Zeichnung der depressiven Patientin (s. Abb. 27) läßt aktualgenetische Überlegungen als zutreffend erscheinen. Unter den schizophrenen Patienten ist einzig für Abb. 23 – also im Rahmen eines akuten schizophrenen Schubes – ein Verharren im aktualgenetischen Prozeß auf der Stufe der Vorgestalt deutlich.

Für die Abb. 12, 13, 20, 21, 22 und 25 treffen Überlegungen über ein Zurückbleiben des Gestaltungsprozesses auf der Stufe der Vorgestalt zweifellos nicht zu. Hier stehen vielmehr kompensatorische, einen Defekt ausgleichende, ichrestaurative Mechanismen ganz im Vordergrund. Wir finden z. T. hochdifferenzierte Gestaltungen, Überlegungen zum kreativen und künstlerischen Gestalten treten in den Vordergrund.

Für die Vielzahl transkultureller Kopffüßlerdarstellungen erscheinen aktualgenetische Überlegungen im Sinne der von *Conrad* vorgebrachten Überlegungen ebenfalls nicht zutreffend (sie waren hierfür auch in keiner Weise gedacht). Die aktualgenetischen Vorstellungen wurden hier – eng umgrenzt – nur im Hinblick auf das Kopffüßlerthema durchmustert. Zweifellos beinhaltet dieses Konzept sehr viel weitreichendere Möglichkeiten, die im Rahmen unseres Themas jedoch nicht ausreichend gewürdigt werden können.

4.4 Literaturangaben

Benedetti, G.: Psychiatrische Aspekte des Schöpferischen und schöpferische Aspekte der Psychiatrie. Verlag für medizinische Psychologie im Verlag Vandenhoeck & Rupprecht, Göttingen 1975

Conrad, K.: Über den Begriff der Vorgestalt und seine Bedeutung für die Hirnpathologie. Nervenarzt *18* (1947) 289–293

Enke, H., Ohlmeier, D.: Formale Analyse psychotherapeutischer Bildserien zur Verlaufsdokumentation. Praxis der Psychotherapie *5* (1960) 99–122

Federn, P.: Ich-Psychologie und die Psychosen. Suhrkamp, Frankfurt 1978 (Erstausgabe 1956)

Freud, S.: Vorlesungen zur Einführung in die Psychoanalyse (1916–1917). Ges. Werke, Band 11. Imago Publishing, London 1940–1952

Freud, S.: Trauer und Melancholie (1917). Ges. Werke, Band 10. Imago Publishing, London 1940–1952

Graumann, C. F.: Aktualgenese. Die descriptiven Grundlagen und theoretischen Wandlungen des aktualgenetischen Forschungsansatzes. Z. exp. angew. Psychol. *6* (1959) 410–448

Hoffmann, L.: Vom schöpferischen Primitivganzen zur Gestalt. C. H. Beck'sche Verlagsbuchhandlung, München 1961

Jung, C. G.: Der Mensch und seine Symbole. Walter-Verlag, Olten 1968

Kris, E.: Die ästhetische Illusion. Suhrkamp Verlag, Frankfurt 1977 (Erstausgabe: Psychoanalytic expression in art, International Universities Press, Inc., New York 1952)

Kuiper, P. C.: Die seelischen Krankheiten des Menschen. Psychoanalytische Neurosenlehre. Huber/Klett, Bern/Stuttgart 1968

Kutter, P.: Psychoanalytische Aspekte psychiatrischer Krankheitsbilder. In: Loch, W.: Die Krankheitslehre der Psychoanalyse. Hirzel, Stuttgart 1977

Landau, E.: Psychologie der Kreativität. Ernst Reinhard Verlag, München/Basel 1971

Matussek, P.: Kreativität als Chance. Piper, München/Zürich 1974

Richter, H. G.: Anfang und Entwicklung der zeichnerischen Symbolik. Aloys Henn Verlag, Kastellaun 1976

Sander, F.: Psychopathologie des Abbaus graphischer Leistungen und Gestaltpsychologie. In: Suchenwirth, R.: Abbau der graphischen Leistung. Georg Thieme, Stuttgart 1967

Schilder, P.: Das Körperschema. Springer Verlag, Berlin 1923

Suchenwirth, R.: Abbau der graphischen Leistung. Georg Thieme, Stuttgart 1967

Taylor, I. A.: The nature of the creative process. In: Smith, P.: Creativity: an examination of the creative process. New York 1959

5 Zusammenfassung

Wir sind ausgegangen von den Zeichnungen vierjähriger Kinder, bei denen Kopffüßler ein normales Durchgangsstadium der zeichnerischen Entwicklung darstellen. Kopffüßler sind in dieser Altersstufe nicht das Ergebnis einer Abstraktion im Sinne einer aktiven Leistung zur Differenzierung; das zentrale runde Gebilde ist Kopf und Leib zugleich, insofern ist der Kopffüßler eine vollständige Menschendarstellung; auf die zentrale Bedeutung der »Ausdrucksproportion« wurde besonders hingewiesen.

Vor diesem Hintergrund wurden die Kopffüßlerbilder und Plastiken psychiatrischer und neurologischer Patienten wie auch eine transkulturelle Bestandsaufnahme zu diesem Bildthema dargestellt. Die zum Vergleich herangezogenen Kopffüßlerdarstellungen aus der Kunst- und Kulturgeschichte konnten dabei nicht mit der gleichen Ausführlichkeit gewürdigt werden wie die Bilder und Plastiken der Patienten. Die Präsentation dieser Arbeiten war jedoch ein notwendiger Bestandteil, um die Vielgestaltigkeit der Erscheinungsformen dieses zunächst so eng umgrenzt erscheinenden Bildthemas morphologisch überhaupt erst erfassen zu können. Dabei erscheint das Ausmaß der Unterschiede wesentlicher und größer als das der – vordergründig ins Auge springenden – Gemeinsamkeiten.

Hinter dem zunächst so eng umgrenzt scheinenden Thema verbirgt sich letztlich auch die gesamte Problematik der so kontrovers diskutierten Frage nach der Kreativität, der »Kunst« psychiatrischer Patienten. Der Aspekt der Kreativität ist zweifellos bei einigen Arbeiten mit zu berücksichtigen. Immer muß jedoch auch der Aspekt des Leistungsdefizits mit beachtet werden. Im Extremfall ist der Abbau der graphischen Leistungsfähigkeit derart umfassend (z. B. bei akuten schizophrenen Psychosen, bei geriatrischen Patienten, bei schweren hirnorganischen Störungen), daß ausgesprochene Defektgestaltungen resultieren. Diese mögen das eine oder andere Mal »originell« erscheinen, sie – wie es teilweise geschieht – als kreative Leistungen oder gar Kunst zu bezeichnen, muß abgelehnt werden. Selbst bei recht gut gelungenen Darstellungen drückt sich ein Defizit insofern aus, als es den Patienten – von seltenen Ausnahmen abgesehen – nicht möglich ist, soziokulturelle und historische Gesichtspunkte ausreichend zu berücksichtigen und somit zu künstlerischen Leistungen von Rang zu gelangen (die in ihrer Beurteilung ja nicht wertfrei betrachtete kreative Leistungen, sondern in einen soziokulturellen und historischen Rahmen eingebunden sind).

Neben rein beschreibenden, morphologischen Unterscheidungen erwiesen sich psychodynamische und aktualgenetische Überlegungen zur Differenzierung innerhalb dieses Bildthemas als hilfreich.

Den jeweils unterschiedlichen Anteilen von krankheitsbedingten Abbauprozessen einerseits und ihnen entgegenwirkenden Restitutionsversuchen andererseits ist im Hinblick auf das jeweils daraus resultierende »Strukturniveau« der Gestaltung Rechnung zu tragen. So konnte am Beispiel des Bildthemas »Kopffüßler« herausgearbeitet werden, daß es sich hierbei durchaus nicht etwa nur um ein psycho*pathologisches* Phänomen handelt. Mit Hilfe der transkulturellen Bezüge war eine stufenlose Folge unterschiedlichster Gestaltungen vorzulegen, die eine Brücke bildet von der Psychopathologie zur Psychologie der Gestaltung und so eine differenzierende Betrachtung der Gestaltungen neurologischer und psychiatrischer Patienten ermöglicht. Insbesondere innerhalb der Gruppe der an einer Schizophrenie erkrankten Patienten lassen sich wesensmäßige Unterschiede aufzeigen.

6 Epilog: der Torso, das fehlende Teil?

Als Abschluß dieses Buches mag diese Frage provokativ klingen; zu sehr stand diese Frage und die Antworten auf sie immer wieder im Mittelpunkt des Interesses, als daß sie nun noch einmal wirklich diskutiert werden müßte. Andererseits erlaubt uns gerade diese Frage noch einmal, das Kopffüßlerthema aus einem anderen Blickwinkel zu betrachten.

Die Antike kannte den Torso als selbständiges Motiv, als eigene Form nicht. Bekannt sind lediglich nicht fertiggewordene Skulpturen oder auch Entwürfe. Einen höchst sonderbaren Einzelfall bietet die Darstellung einer Kinderpuppe auf dem Relief einer Grabstele des Museums in Avignon. Hier ist die Puppe mit herausgerissenen Armen wiedergegeben, in einem bezeichnenden Realismus also, der das typische Schicksal des Kinderspielzeugs, nämlich zerstört zu werden, charakterisiert[1].

Ab ca. dem 15. Jahrhundert dienten den Künstlern antike Fundstücke als Studienobjekte. Die Erscheinungsform des Unvollendeten, z. B. der Torso, nimmt dann jedoch erst in der sog. modernen Kunst als autonomes Motiv eine zentralere Stellung ein.

Aus der Bildnerei psychiatrischer (und neurologischer) Patienten sind auffälligerweise keine (spontan entstandenen) Torsodarstellungen bekannt geworden. Der Torso ist demnach wohl eine wahre »Kunst«-Form, die nicht – wir könnten sagen: archetypisch – vorgeformt ist. Dies verweist noch einmal darauf, daß weder die Themen der Bildnerei unserer Patienten noch das spezielle hier abgehandelte Thema »willkürlich« oder gar im Hinblick auf künstlerische Fragen der Epoche gewählt werden (was aber natürlich ein begrenztes Maß an Beeinflussung – gegenseitig! – nicht ausschließt).

Die Frage nach dem Leib, dem Torso, ist die Frage nach der Entstehungsgeschichte der Kopffüßler; wie immer wieder dargestellt wurde, ist das zentrale runde Gebilde für die Mehrzahl der Kopffüßler Kopf und Leib zugleich. Von besonderem Interesse sind deshalb die Ausnahmen; sie konnten an Beispielen der bildenden Kunst wie auch an den Bildern einiger Patienten deutlich aufgezeigt werden. Vielleicht ist dies sogar die wesentlichste aller Unterscheidungen im Hinblick auf die Kopffüßler: der Torso, das fehlende Teil – oder nicht?

---

[1] *Schmoll, J. A.* gen. Eisenwerth (Hrsg.): »Das Unvollendete als künstlerische Form«, Francke-Verlag, Bern/München 1959

Quellenverzeichnis

Abb. 5: aus *Nissen, P.:* Bildnerisches Schaffen psychisch gestörter Kinder. Materia Medica Nordmark *25* (1973) 212–218

Abb. 6: aus *Koppitz, E.:* Die Menschendarstellung in Kinderzeichnungen. Hippokrates, Stuttgart 1972

Abb. 12: aus *Prinzhorn, H.:* Bildnerei der Geisteskranken. Neudruck der 2. Auflage von 1922. Springer, Berlin/Heidelberg/New York 1968

Abb. 13: die Abbildung wurde freundlicherweise von Frau Dr. *I. Jarchow,* Heidelberg, zur Verfügung gestellt

Abb. 26: aus *Bader, A., Navratil, L.:* Zwischen Wahn und Wirklichkeit. C. J. Bucher, Luzern/Frankfurt 1976

Abb. 27: aus *Marinow, A.:* Depression – Behandlung mit Tofranil im Hinblick auf den Zeichenversuch. Conf. Psychiat. *7* (1964) 85–94 (Karger, Basel)

Abb. 28: aus *Navratil, L., Pongratz, P.:* Der Mensch – Psychopathologische Zeichnungen. Aus der II. Psychiatrischen Abteilung des Niederösterreichischen Landeskrankenhauses, Klosterneuburg (ohne Angabe des Erscheinungsjahres)

Abb. 29: aus *Franzke, E.:* Der Mensch und sein Gestaltungserleben. Hans Huber, Bern/Stuttgart/Wien 1977

Abb. 31: aus *Mullery-Garrik:* Picture writing of the american Indians. Washington 1888

Abb. 32: nach Katalog 5/XII »Port Helland Australien«. Frobenius-Institut, Frankfurt

Abb. 36: aus *Meyer, P.:* Kunst und Religion der Lobi. Museum Rietberg, Zürich 1981. Foto Wettstein und Kauf, Zürich

Abb. 37: aus *Biebuyck, D.:* Lega Culture. University of California Press, Berkeley / Los Angeles / London 1973

Abb. 39: aus *Swinton, G.:* Sculpture of the Eskimo. McClelland & Stewart, Toronto 1972. Eigner der Skulptur: Toronto Dominion Bank

Abb. 40: aus *Swinton, G.:* Sculpture of the Eskimo. McClelland & Stewart, Toronto 1972

Abb. 41: aus *Lanzone, R. V.:* Dizionario di Mitologia Egizia. Terza Dispensa con LXXX Tavole. Litografia Fratelli Doyen, Turin 1883

Abb. 42: nach *Preisendanz, K.:* Die griechischen Zauberpapyri. 2. Auflage. B. G. Teubner, Stuttgart 1974

Abb. 43: aus *Zajadacz-Hastenrath, S.:* Fabelwesen. In: Reallexikon zur Deutschen Kunstgeschichte, Band VI, Sp. 739–816. Beck, München 1973

Abb. 44: aus *Zajadacz-Hastenrath, S.:* Fabelwesen. In: Reallexikon zur Deutschen Kunstgeschichte, Band VI, Sp. 739–816. Beck, München 1973

Abb. 45: aus *Prinzhorn, H.:* Bildnerei der Geisteskranken. Neudruck der 2. Auflage von 1922. Springer, Berlin/Heidelberg/New York 1968

Abb. 47: mit freundlicher Genehmigung des Museu Nacional de Arte Antiga, Lissabon

Abb. 48: aus *Prinzhorn, H.:* Bildnerei der Geisteskranken. Neudruck der 2. Auflage von 1922. Springer, Berlin/Heidelberg/New York 1968

Abb. 50: © SPADEM, Paris/Bild-Kunst, Bonn 1982

Abb. 51: aus Hommage à Tériade, Ausstellungskatalog des Rheinischen Landesmuseums, Bonn. Rheinland-Verlag, Köln 1978

Abb. 52: aus *Antes, H.:* Bilder 1965–1971. Katalog der Kunsthalle Baden-Baden, Baden-Baden 1971

Abb. 53: Katalog der Ausstellung Enrico Baj, Städt. Kunsthalle Düsseldorf, Düsseldorf 1975

Abb. 54: aus *Bader, A.:* Geisteskranker oder Künstler? – Der Fall Friedrich Schröder-Sonnenstern. Hans Huber, Bern/Stuttgart/Wien 1972

Abb. 55: aus *Leonhardt, L., Jägersberg, O.:* Rüssel in Komikland. Melzer, Darmstadt 1972

Abb. 56: aus »Stern«, Hamburg

Abb. 57: mit freundlicher Genehmigung des WDR, Köln

Abb. 60: Katalog des Zirkus Roncalli

Wir danken allen Verlagen, Institutionen, Museen, Künstlern und Privatpersonen für die freundliche Genehmigung zum Nachdruck.

Sachverzeichnis